FPGA编程从零开始

使用Verilog

[美] 西蒙·蒙克(Simon Monk) 著

李杨 别志松 译

清华大学出版社

北 京

Simon Monk
Programming FPGAs: Getting Started with Verilog
EISBN：978-1-25-964376-7

图书在版编目(CIP)数据

FPGA编程从零开始　使用Verilog / (美)西蒙 • 蒙克(Simon Monk) 著；李杨，别志松 译. —北京：清华大学出版社，2018（2023.1 重印）
书名原文：Programming FPGAs: Getting Started with Verilog
ISBN 978-7-302-50134-3

Ⅰ. ①F…　Ⅱ. ①西…　②李…　③别…　Ⅲ. ①可编程序逻辑器件—系统设计　Ⅳ. ①TP332.1

中国版本图书馆 CIP 数据核字(2018)第 112346 号

责任编辑：王　军　韩宏志
装帧设计：孔祥峰
责任校对：曹　阳
责任印制：宋　林

出版发行：清华大学出版社
网　　址：http://www.tup.com.cn，http://www.wqbook.com
地　　址：北京清华大学学研大厦 A 座　　邮　　编：100084
社 总 机：010-83470000　　邮　　购：010-62786544
投稿与读者服务：010-62776969，c-service@tup.tsinghua.edu.cn
质 量 反 馈：010-62772015，zhiliang@tup.tsinghua.edu.cn
印 装 者：涿州市般润文化传播有限公司
经　　销：全国新华书店
开　　本：148mm×210mm　　印　　张：6.125　　字　　数：153 千字
版　　次：2018 年 7 月第 1 版　　印　　次：2023 年 1月第 6 次印刷
定　　价：49.80 元

产品编号：078173-01

译 者 序

Verilog 是最流行的硬件描述语言之一，已被 IEEE 列为标准硬件描述语言。其基本语法与 C 语言相近，这一设计初衷使其对于数字电路研发者更容易理解和上手。

本书作者 Simon Monk 博士是数字电路工程设计领域的专家，撰写了多本有关开源硬件方面的著作。本书是 Simon Monk 博士的经典之作，对于使用 Verilog 语言进行 FPGA 开发的初学者来说，是一本绝佳的入门书籍。虽然对于大部分初学者来说，数字电路设计晦涩难懂，硬件编程和调试也难以入门，但本书由浅入深、循序渐进，将复杂的主题讲得简单易懂，将枯燥的技术讲得活灵活现；从基本的数字电路概念讲起，全面介绍使用 Verilog 进行 FPGA 编程的重要环节，指导你开始使用 Mojo、Papilio One 和 Elbert 2 这三种流行的 FPGA 开发板。本书虽然简短，但麻雀虽小，五脏俱全，你将从头到尾为大量工程编写指令，包括 LED 译码器、计时器、单音生成器，甚至是存储器映射的视频显示器。作者在该领域经验丰富，提供了多个紧贴实用的开发实例。相信读者在学习完本书后，能快速设计出自己的第一个作品！何乐而不为呢？

在这里要感谢清华大学出版社的编辑，他们对本书的翻译和出版投入了很多心血，保证了本书顺利付梓。本书全部章节由李杨、别志松翻译，参与翻译的还有王迎、王辞等人。

对于本书，译者在翻译过程中始终保持谨慎的态度，但难免存在疏漏。如有任何意见和建议，恳请广大读者批评指正。

作 者 简 介

Simon Monk 拥有控制和计算机科学学士学位，以及软件工程博士学位。Simon 是一名全职作家，迄今已撰写多本书籍，包括 *Programming Arduino*、*Programming Raspberry Pi* 和 *Hacking Electronics*，并参与撰写 *Practical Electronics for Inventors*。Simon 的个人网站是 MonkMakes.com，Twitter 是@simonmonk2。

致　谢

一如既往地感谢 Linda 的耐心和支持。

感谢 TAB/McGraw-Hill 和 MPS Limited 的 Michael McCabe、Patty Wallenburg 和他们的同事。一如往常，与如此卓越的团队合作非常愉快。

同时感谢 Duncan Amos 有益而全面的技术审阅。

前　　言

用自己的芯片完成想做的事，岂不是一件乐事？当然，现场可编程门阵列(Field-Programmable Gate Array，FPGA)可让你非常接近这一梦想。FPGA 并非为你专门设计的芯片，而是通用芯片，能被配置用来完成你希望做的任何事情。

此外，要配置 FPGA，既可绘制原理图，也可使用硬件定义语言 Verilog；如果你的设计是成功的，Verilog 也能用于生产真正的定制芯片。尽管本书也将展示如何使用原理图编辑器进行设计，但本书的重点是指导你学习 Verilog 语言。

可根据自己的需要多次修改 FPGA 配置，使其成为原型化设计的优秀工具。如果设计问题浮出水面，你可对设备重新编程，直到消除所有漏洞为止。当你意识到可真正配置 FPGA 来包含能运行程序的处理器时，这种十分出奇的灵活性就会显现出来。

在本书中，你将学习 FPGA 的一般使用原则，将学习本书描述的示例，并在三种最流行的 FPGA 评估板(Mojo、Papilio One 和 Elbert 2)上运行这些示例。

尽管从逻辑上讲，微控制器可胜任 FPGA 能完成的大部分工作，但 FPGA 的运行速度更快；另外，一些人员发现，相对于实现复杂的算法，描述逻辑门和硬件更简单。你可使用 FPGA 实现微控制器或其他处理器(以及其他人的工作)。

在其中一种低成本 FPGA 开发板上使用 Verilog 编程，可能最令人信服的原因仅在于学习一些新知识，收获一些乐趣！

读者可访问https://github.com/simonmonk/prog_fpgas下载本书各章的项目文件，也可扫描封底的二维码下载。

目　　录

第 1 章 逻辑

现场可编程门阵列(FPGA)是依赖数字逻辑的数字设备。计算机硬件使用数字逻辑。每一次计算、渲染到显示屏上的每一个像素，以及音轨中的每一个音符都可使用数字逻辑的构件来创建。

虽然相对于物理电子器件，数字逻辑有时更像一个抽象的数学概念，但数字逻辑的逻辑门和其他部件是由晶体管蚀刻到集成电路(Integrated Circuit，IC)上进行构建的。在 FPGA 中，通过绘制逻辑门来设计电路，然后将逻辑门映射到 FPGA 上的通用门并连接在一起，以实现逻辑设计。另外，也可使用 Verilog 或其他硬件描述语言来描述逻辑。

你可购买包含少量逻辑门的芯片，例如具有四个两输入 NAND 门的 7400 芯片。然而，这些芯片实际上仅用于维护使用它们的旧系统，或用于教学用途。

1.1 逻辑门

逻辑门具有输入和输出。这些数字输入和输出可以是高电平或低电平。低数字输入或输出由接近 0V(接地)的电压表征。高数字输入通常超过逻辑电源电压的一半，高数字输出是正电源电压。FPGA 电源电压通常为 1.8V、3.3V 或 5V，大部分 FPGA 可运行于一段电压范围内，有些允许在一台设备上使用多个逻辑电压。

逻辑门的描述较为复杂，因为逻辑门的名称(非、与、或等)在英文中也有对应的含义。为避免混淆，本书将门名称大写。

1.1.1　非门

最简单的逻辑门是非(NOT)门，有时称为反相器。它具有单输入和单输出。如果输入是高电平，则输出是低电平；反之亦然。图 1-1 显示了非门的原理图符号。真值表列出每种可能的输入组合及对应输出。按照惯例，输入命名时，使用字母表开头的字母，如 A、B 和 C。输出命名时，通常是 Q 或临近字母表结尾处的字母，如 X、Y 和 Z。

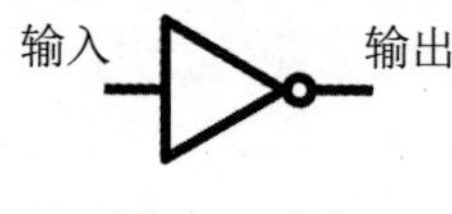

图 1-1　非门

为描述逻辑门或一组逻辑门的行为，可使用真值表。真值表定义逻辑为每个可能的输入或输出组合提供的输出。非门的真值表如表 1-1 所示。字母 H 和 L 或数字 1 和 0 用于代替高(high)和低(low)。

表 1-1　非门的真值表

输入	输出
L	H
H	L

如果将一个非门的输出连接至第二个非门，如图 1-2 所示，组合电路的输出一定为输入本身。

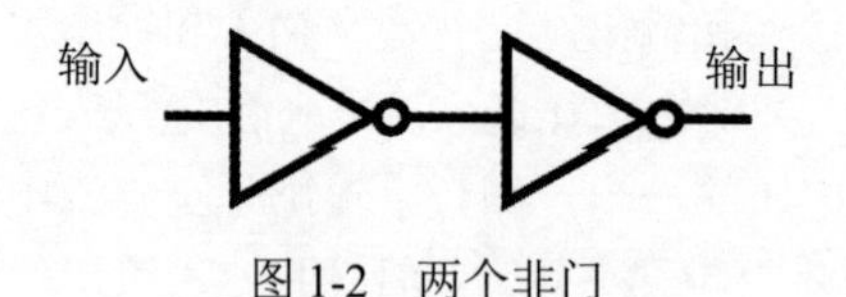

图 1-2　两个非门

1.1.2　与门

顾名思义，与门的输出仅在其所有输入都为高电平时为高。图 1-3 显示了两输入与门的符号，表 1-2 是与门的真值表。

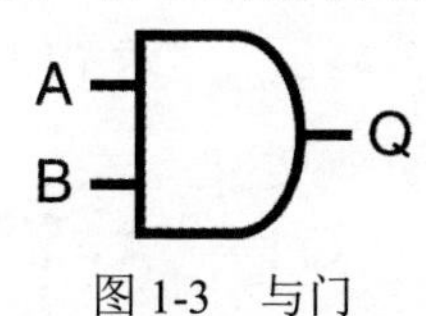

图 1-3　与门

表 1-2　与门的真值表

输入 A	输入 B	输出 Q
L	L	L
L	H	L
H	L	L
H	H	H

1.1.3　或门

顾名思义，任一输入为高电平时，或门的输出为高。图 1-4 显示了两输入或门的符号，表 1-3 是或门的真值表。

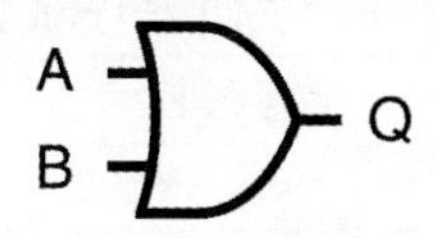

图 1-4　或门

表 1-3　或门的真值表

输入 A	输入 B	输出 Q
L	L	L
L	H	H
H	L	H
H	H	H

1.1.4　与非门和或非门

图 1-1 所示的非门输出的小电路表明了门的反相功能。与非门(NOT AND，NAND)是与门的输出反相，而或非门(NOT OR，NOR)是或门的输出反相。图 1-5 显示了这两个门的符号，表 1-4 和表 1-5 分别是这两个门的真值表。

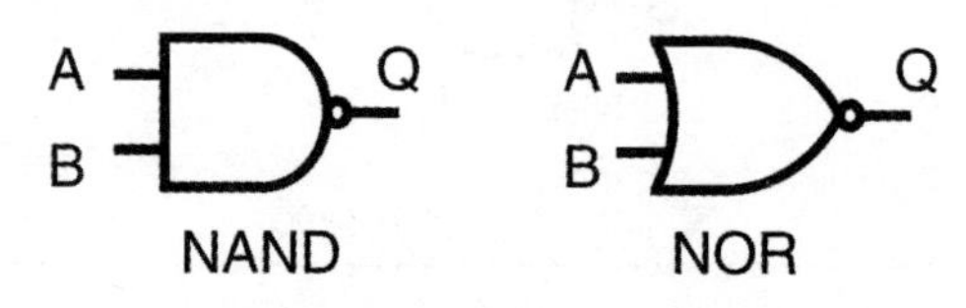

图 1-5　与非门和或非门

表 1-4　与非门的真值表

输入 A	输入 B	输出 Q
L	L	H
L	H	H
H	L	H
H	H	L

表 1-5　或非门的真值表

输入 A	输入 B	输出 Q
L	L	H
L	H	L
H	L	L
H	H	L

与非门和或非门都作为通用门(universal gate)来描述，因为通过对输入和输出的反相，二者均可作为其他类型的门使用。另外，可组合一个与非门和一个或门的输入形成一个非门。例如，图 1-6 显示了如

何使用三个或非门组成一个与门。

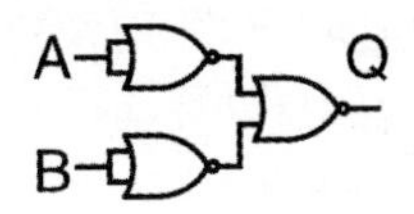

图 1-6　使用三个或非门组成一个与门

德摩根定律

图 1-6 的设计使用了一条逻辑法则，称为德摩根定律，其最佳解释如下：将两个输入“做与”后进行反相的结果等于将两个输入分别反相再“做或”。在图 1-6 中，实际有两个输入通过非门进行反相(输入绑定在一起的或非门)，然后“做或”，门对其自身反相，整体的结果等同于将所有输入“做与”。这是一个有用的技巧。

可通过表 1-6 所示的真值表检查德摩根定律，该表分别包含 A 和 B 的中间状态，以及 A 和 B 的反相结果。

表 1-6　由或非门实现与门的真值表

输入 A	输入 B	非 A	非 B	输出 Q
L	L	H	H	L
L	H	H	L	L
H	L	L	H	L
H	H	L	L	H

1.1.5　异或门

之前讨论的或门是一种包含性的或运算，即 A 或 B 之一为高，或者二者均为高时，其结果为高。在英语中，“或”的意思是排除性的或。你想要奶油或冰淇淋作为甜点——暗指不允许同时享用二者。逻辑门中这种类型的或称为异或(exclusive OR，XOR)。异或非常有用，因为它允许对输入进行比较。不管输入为高或低，只要输入不同，则异或的输出为高。

图 1-7 显示了如何使用四个与非门构建一个异或门。因为异或门经常使用，在与非门符号右侧显示异或门的符号。表 1-7 显示了异或门的真值表。

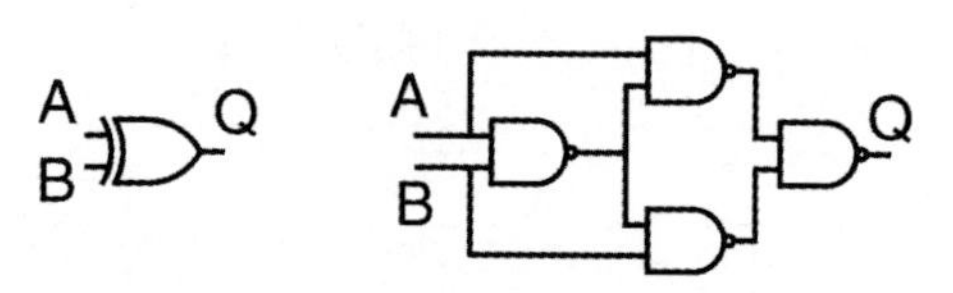

图 1-7 由四个与非门构建一个异或门

表 1-7 异或门的真值表

输入 A	输入 B	输出 Q
L	L	L
L	H	H
H	L	H
H	H	L

1.2 二进制

如果不把逻辑门的输入和输出看成高电平或低电平，而将其认为是数字(1 表示高电平，0 表示低电平)，那么可开始考虑计算机如何使用逻辑门进行数字运算。然而，仅有数字 0 和 1 并不能满足要求。

我们使用十进制数，即使用 10 个符号表示数字 0、1、2、3、4、5、6、7、8 和 9。这样做可能是因为我们有 10 根手指。当我们需要表示大于 9 的数字时，不得不使用两个符号——10、45、99，等等。最右边的数(称为最低有效数字)是个位，向左一位的数字是十位，再向左一位是百位，依此类推。

如果我们决定利用鼻子数而不是手指数进行计数，则会使用二进制数。你有 0 或 1。如果你想表示一个大于 1 的数字，则必须采用多个数位。一个二进制数字称为“位”。通常，为了更有意义，我们需要将几个位组合在一起，就像需要一组十进制数组合在一起以表示更大的数字一样。

表 1-8 显示了如何使用 3 位表示数字 0 至 7。注意在显示二进制数字时，通常包含前面的零。

表 1-8　数字 0 至 7 的二进制和十进制表示

十进制数	二进制数
0	000
1	001
2	010
3	011
4	100
5	101
6	110
7	111

如果分解一个十进制数，例如 123，可将其写作 1×100+2×10+3。如果想知道一个二进制数的十进制表示形式，也可使用该方法。例如，二进制数 111 是十进制数 1×4+1×2+1=7。如果要将更大的二进制数转换为十进制数，例如 100110，则十进制取值为 1×32+0×16+0×8+1×4+1×2 +0=38。

一个字节是 8 位，则其数位的十进制分别等价于 128、64、32、16、8、4、2 和 1。如果将其相加在一起，意味着可表示 0 至 255 之间的任意十进制数。每次增加一位，可将表示的数字范围加倍。数字很快就变得很大。现代计算机每次进行 64 位运算，数字范围从 0 一直到将近 18 000 000 000 000 000 000。

1.3 添加逻辑

逻辑门允许基于二进制数进行运算。因为二进制数是由位表示的数，使用逻辑门可执行任意算术运算。图 1-8 显示了使用逻辑门构建二进制加法器。

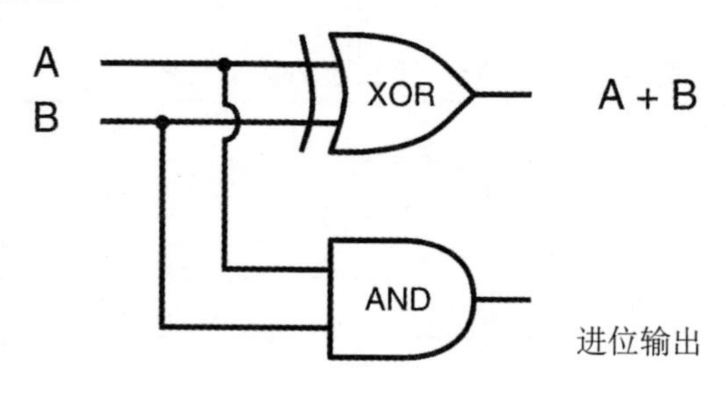

图 1-8 一位加法器

表 1-9 显示了一位加法器的真值表。然而，此次有两个输出：加和和进位。在加法运算结果太大而超出 1 位的表示范围时，进位为 1。

表 1-9 一位加法器的真值表

输入 A	输入 B	输出加和(A+B)	输出进位
0	0	0	0
0	1	1	0
1	0	1	0
1	1	0	1

观察此表会发现，如果 A 和 B 均为 0，则和为 0。如果二者之一为 1，则和为 1。然而，如果 A 和 B 均为 1，则和数位自身为 0，但我们希望下一个数位进位为 1。在二进制中，1+1 为 0 进 1(或二进制 2)。

如此操作意味着，如果我们一次进行多位加和，则下一个加运算步骤有三个输入(A、B 和进位)。这有点复杂，因为我们不得不将三个数相加，而不是两个。图 1-9 显示了一个运算进位数的加法器步骤。

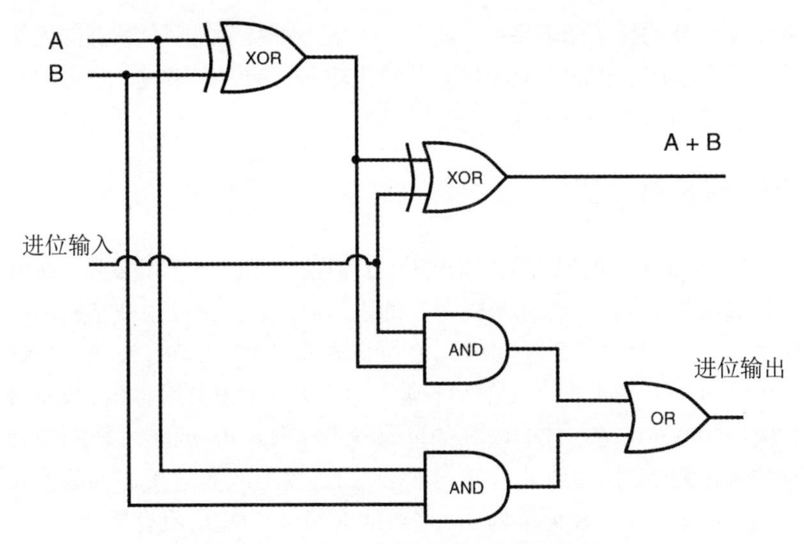

图 1-9 带有一个进位的一位加法器

你从不需要用多个门来创建这样的加法器，因为在设计中加法器可作为单个组件直接使用。然而，理解如何从基本的门组建加法器是很有趣的。

如果我们有八个这样的步骤，可用它们执行 2 字节加法。每个计算机的中央处理器(Central Processing Unit，CPU)都有硬件加法器，硬件加法器由以类似方式实现的逻辑门组成。32 位处理器一次能处理 32 位数，64 位处理器具有 64 阶如图 1-9 所示的加法步骤，一次加 64 位。

1.4 触发器

在前述示例中，逻辑门被安排为：对于给定的输入取值集合，总将获得相同的输出。如果将逻辑门的输出反馈给影响首个门输入的前列逻辑门，将为逻辑门网络赋予记忆功能。这类逻辑门称为时序逻辑(sequential logic)。

电子器件的一个有趣之处在于，它是一个较新的领域，其先驱抛弃早期浮夸的拉丁命名规则，将从一个状态跳跃至另一个状态的元件称为触发器(flip-flop)。对于怀念其较无趣名称的人们来说，也可称其为双稳态(bistable)。

置位-复位触发器

图 1-10 所示的原理图称为置位-复位(Set-Reset，SR)触发器。在引入将高电平视为 1、低电平视为 0 的思想后，我们继续用数字表示逻辑值。设想开始时，S 置位为 1，R 复位为 0。因为或非门 A 的一个输入(S)为 1，无论或非门 A 的另一输入是否为 1，输出都为 0。或非门 A 输出为 0 意味着，或非门 B 的顶层输入也将为 0。或非门 B(R)的另一输入也为 0，因此或非门 B 的输出为 1，使得或非门 A 下面的输入也为 1。接下来，S 置位为 0，这对或非门 A 的输出没有影响。

通过将 S 置位为 1，输出 Q 置位为 1，无论我们如何置位 S，Q 都不会改变：仅在 R 置位为 1 时才会改变，此时使得或非门 B(Q)的输出为 0。或非门 A 的输出标记为 Q 加上画线。该线(称之为条)表明对输出反相，$\overline{Q}$ 表示对 Q 取反。

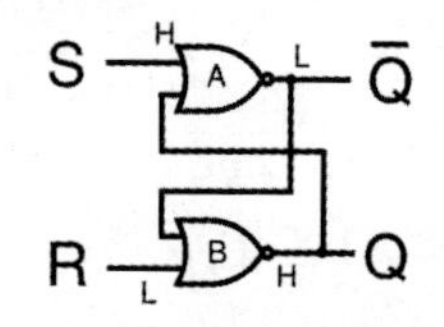

图 1-10　置位-复位触发器

上述 SR 触发器只是偶尔用到，而最常用、最灵活的触发器类型是 D 触发器。可通过一个与非门或者或非门构建 D 触发器，你仅需要将其用作逻辑块。图 1-11 显示了 D 触发器的符号。

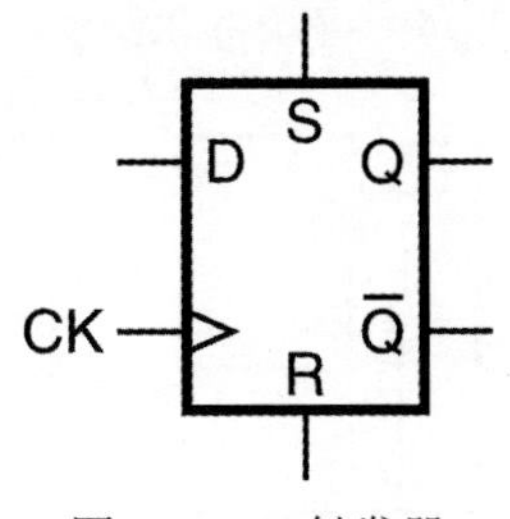

图 1-11 D 触发器

D 触发器仍有管脚 S、R、Q 和$\overline{Q}$，但它有两个额外的管脚 D 和 CK(时钟)。时钟符号通常显示为一个小的三角凹槽。你仍可使用管脚 S 和 R 分别置位和复位触发器，但更可能使用管脚 D 和 CK。

有时，时钟概念对于数字电路是至关重要的。它同步系统，这样，逻辑门由高位变化到低位(以及通过多径传播)所引起的微小时延在输出尚未结束时，不会引起差错。时钟通常连接至一个在高位和低位来回跳变的信号。本书在大部分示例中，FPGA 具有一个内置的时钟信号。该信号为 12~50MHz，具体取决于本书示例所用的 FPGA 开发板，每秒有 12 万~5000 万个高/低位时钟周期。

当时钟信号变为高位时，无论 D 的取值如何(0 或 1)，都会被锁定至输出 Q。这听起来令人失望，但它可用于构建更常用的移位寄存器和计数器。下面将介绍移位寄存器和计数器。

1.5 移位寄存器

图 1-12 显示了四个 D 触发器，前一个 D 触发器的输出 Q 作为与其连接的后一个 D 触发器的输入。D 触发器的所有时钟都连接在一起。这样的布置称为串行-并行移位寄存器。

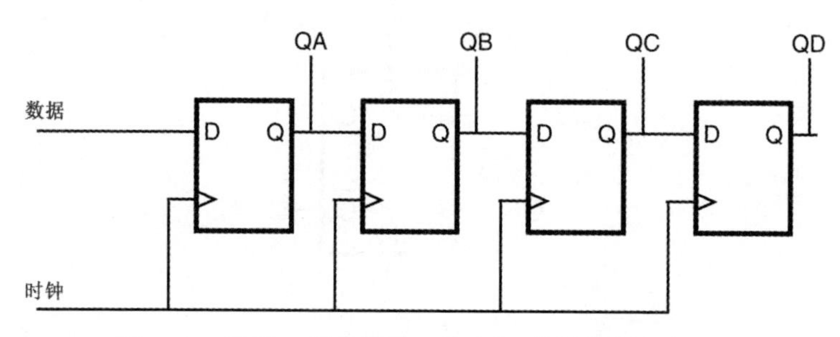

图 1-12 使用 D 触发器的 4 位串行-并行移位寄存器

假设时钟和 D 都连接到按压开关，QA 和 QD 均连接到发光二极管(Light-Emitting Diode，LED)，LED 在高位时点亮。按压 D 开关(使其处于高位)，在短暂按压时钟开关时，D 的高位将锁定到第一个触发器。释放 D 开关(使其处于低位)，在重新短暂按压时钟时，将同时发生两件事情：

(1) QA(高位)的值将被锁定到第二个触发器，使 QB 为高。

(2) D(低位)的当前值将被锁定到第一个触发器，使 QA 为低。

每次脉冲调节时钟为高时，位模式将向右连续输入触发器。注意时钟从 0 变为 1 时，触发位模式向右输入。可随意添加更多 D 触发器。

1.6 二进制计数器

D 触发器是非常灵活的组件。将上一个触发器的反相输出 $\overline{Q}$ 连接至下一个触发器作为时钟输入(如图 1-13 所示)，触发器将进行二进制计数。

每次时钟信号改变时，触发器 A 在 0(低)和 1(高)之间切换状态。触发器的输出以半频为下一阶段提供脉冲，依此类推。这也是将计数器称为分频器的原因。因此，如果时钟频率为 24MHz，QA 的频率将为 12MHz，沿电路布线类推，每次减半。

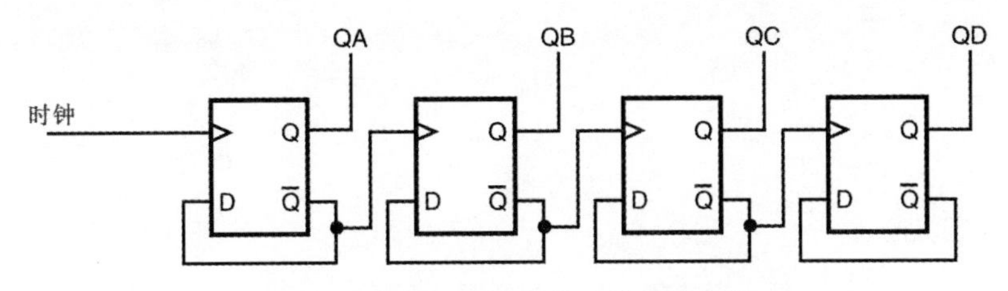

图 1-13　将 D 触发器用作计数器分频器

数字手表和时钟通常运行在 32.768kHz 的时钟频率上。之所以选择这一频率，是因为如果进行两个 15 次分频，则频率为 1Hz(每秒 1 个脉冲)。在第 3 章和第 4 章中，你将在自己的 FPGA 开发板上实现计数器示例，首先将其绘制为类似图 1-13 的原理图，然后编写数行 Verilog 代码。

1.7　小结

通过本章的学习，你对广泛而复杂的数字电路领域有了初步认识。在后续各章，你将接触各种类型的数字器件。

在使用 FPGA 时，理解数字电路基础知识是十分重要的；不过，即使你不精确理解在软件门级别创建的电路，也可使用诸如 Verilog 的语言创建复杂的设计。在第 2 章，你将了解 FPGA 到底是什么，并接触本书使用的 FPGA 开发板：Elbert V2、Mojo 和 Papilio。

第 2 章 FPGA

既然已经学习了数字电路的基本构件，现在开始分析 FPGA 及其作用，并了解 Elbert 2、Mojo 和 Papilio 开发板。我们可使用这些开发板配置运行复杂的数字系统。

2.1 FPGA 的工作原理

一块 FPGA 由通用的逻辑单元组成(具有 64 个输入和 1 个输出)。配置 FPGA 时，使用更多逻辑门将这些通用的逻辑单元连接在一起，最终将输出连接至特殊的通用输入/输出(General-Purpose Input-Output，GPIO)单元，允许其通过 FPGA 芯片封装上的物理管脚作为数字输入和输出。如果所用的开发板内置了 LED 和开关，则它们将会被永久连接至 FPGA 的某个 GPIO 逻辑单元。

组成 FPGA 的逻辑块使用查找表(Lookup Table，LUT)。查找表有多个输入，例如六个输入和单个输出。设想将查找表视为六输入(64 种组合)的真值表。该表对于逻辑门六输入的每种可能组合都设定一个输出值(0 或 1)。这些查找表的内容，与其他布局布线信息一起，给定 FPGA 的逻辑。

LUT 常与诸如触发器之类的其他组件组合，构成独立的逻辑块。图 2-1 显示了所有这些组件的排列逻辑图。

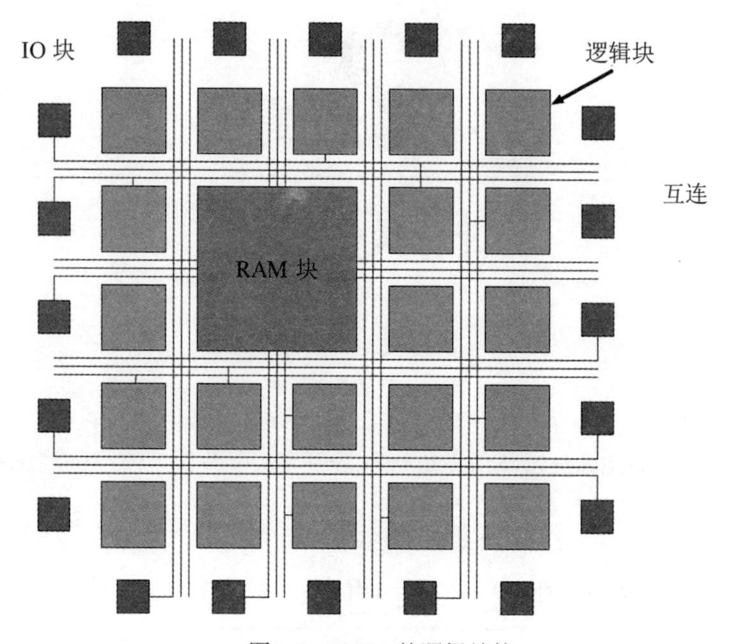

图 2-1 FPGA 的逻辑结构

FPGA 芯片上的 GPIO 管脚连接至专用输入/输出(IO)块，这些块提供类似微控制器的缓存的输入/输出，通常能生成和存储数十毫安(mA)电流。

FPGA 中的绝大多数功能单元都是逻辑块，一块典型的现代 FPGA 具有 20 万至数百万个逻辑块。当 FPGA 被作为处理器配置或仅需要存储诸如第 8 章 WAV 声音文件播放器的大量数据时，需要使用固定的随机存储器(Random Access Memory，RAM)。将 FPGA 的一些专用领域的思想运用到极致，你会发现高端的片上系统(Systems-on-a-Chip，SoC)FPGA，其芯片上包含固定的高性能处理器核及存储器，也包含可配置逻辑单元。FPGA 通常也用于超大型产品运行的专用集成电路(Application-Specific IC，ASIC)原型设计。

对如此众多的逻辑块布局布线非常复杂，幸运的是，我们不必勉为其难——可通过设计软件来完成这项工作。

LUT 中的信息及布局矩阵是不稳定的，布局矩阵用于定义互连关系。断电时，所有信息都会消失，FPGA 恢复至初始状态。为配置 FPGA，配置信息一般保存在 FPGA 外面的电可擦可编程只读存储器(Electrically Erasable Programmable Read-Only Memory，EEPROM)或闪存中(在断电时不会丢失)。FPGA 通常有一个内置的固定硬件加载界面，在 FPGA 启动时进入配置进程。这一般不会超过 1/5 秒。

2.2 Elbert 2

图 2-2 显示了 Elbert 2 开发板。该开发板是一块 FPGA 评估板。它唯一的目的是允许你使用 FPGA 进行实验，因为外设电路已在开发板上，不需要花费大量时间焊接或设计外设电路连接就能学习如何使用它们。

图 2-2　Elbert 2-Spartan 3A FPGA 开发板

这些开发板可直接从 Numato 实验室(http://numato.com)或 Amazon.com 以及其他各种来源获取。到撰写本书为止，整块开发板的价格仅为 29.95 美元。因为 Elbert 2 可选择内置按钮和 LED，你唯一需要的就是 USB-mini USB 引线。本书所有的开发板示例均支持 USB 端口供电。

该开发板具有以下特点：

- TQG144 封装包中的 Spartan XC3S50A FPGA(1584 个逻辑单元、54kbit RAM)
- 16MB SPI 缓存用于配置
- USB 2.0 接口用于板上编程
- 8 个 LED
- 6 个按压按钮
- 8 路双列直插式封装(DIP)开关
- VGA 连接器
- 音频输出插孔
- SD 卡适配器
- 3 个七段 LED 显示器
- 39 个 IO 可供使用
- 板上稳压器

2.3 Mojo

Mojo(如图 2-3 所示)是另一种流行的 FPGA 评估板。与 Elbert 2 相比，它更加简洁紧凑。它具有一排内置的 LED，在实际实验中，你也需要 Mojo IO Shield; Mojo IO Shield 添加了一个四位 LED 显示器以及一整套按压和滑动开关。Mojo 使用的 FPGA 芯片比 Elbert 更快、更强大。

Mojo 具有以下特点：

- Spartan 6 XC6SLX9 FPGA(9152 个逻辑单元、576kbit RAM)
- 84 个数字 IO 管脚
- 8 个模拟输入
- 8 个通用 LED

图 2-3　Mojo 开发板(上图)和附有 IO Shield 的 Mojo 开发板(下图)

- 复位按钮
- 显示 FPGA 正确配置的 LED 灯
- 片上稳压电源电压为 4.8V~12V 或 USB 供电
- 微控制器(ATMega32U4)用于配置 FPGA、USB 通信和读取模拟管脚
- 兼容 Arduino 的引导加载程序，允许你更方便地编写微控制器和 FPGA 程序
- 板上闪存用于存储 FPGA 配置文件

相对于 Mojo，Mojo IO Shield 增加了以下特点：

- 24 个 LED
- 24 个滑动开关
- 5 个按压按钮
- 4 个七段 LED 显示器

2.4 Papilio

Papilio One(如图 2-4 所示)自身并未内置任何 LED 或开关。像 Mojo 一样，为进行实验，它被设计为一个接口开发板，只需要在 Papilio One 上面直接插入即可。本书选择的 Papilio 开发板是 LogicStart MegaWing。

Papilio One 有 250k 和 500k 版本可以获取。这里的数字指的是 XC3S250E 或 XC3S500E FPGA 的部件编号。Papilio One 500k 的特点如下：

- Xilinx Spartan 3E(10 476 个逻辑单元、74kbit RAM)
- 4Mbit SPI 闪存
- USB 连接
- 4 个独立的电源导轨：5V、3.3V、2.5V 和 1.2V
- 通过电源连接器或 USB 供电
- (推荐)输入电压为 6.5 V 至 15V
- 48 个 I/O 引线

图 2-4　Papilio One 开发板(上图)及附带 LogicStart MegaWing 的开发板(下图)

LogicStart MegaWing 具有以下特点：

- 七段显示器，4 字符
- VGA 端口
- 单声道音频插口，1/8 英寸
- 微操纵杆，五个方向
- 8 个模拟输入(SPI ADC，12 位，1Msps)
- 8 个 LED
- 8 个滑动开关，用户输入

2.5 软件设置

所有这三个开发板均使用来自 Xilinx 厂商的 FPGA，因此使用相同的集成综合开发环境(ISE)软件可对其进行编程。最终将生成一个.bit 文件，然后使用开发板专用的软件功能将该文件移植到评估板上。这一过程包括选择文件、选择开发板连接的串口，然后按下 Go 按钮。

2.5.1 安装 ISE

坦白地讲，FPGA 厂商的设计工具臃肿不堪。ISE 设计工具大小 7GB(没错，GB！)。很多情况下，下载并安装设计工具是开始学习 FPGA 最耗费时间的部分。

获取 ISE 的第一步是用 Web 浏览器访问 Xilinx.com，找到 ISE 的下载页面，此时你将发现以下链接：Developer Zone(开发者区)|ISE Design Suite(ISE 设计套装)|Downloads(下载)。向下滚动 Downloads 区域至 ISE Design Suite(我们使用 14.7 版本)并选择选项 Full Installer for Windows。不要尝试下载更新的 Vivado Design Suite；它仅用于更新的 Xilinx FPGA，不支持 Elbert 2 和 Papilio One 上使用的 Spartan 3s。

该工具有 Windows 和 Linux 版本。本书介绍在 Windows 下的安装过程和运行步骤。

单击 Download 按钮，会出现一份调查问卷需要填写，紧接着是注册表格。继续并最终开始下载，在下载完成的数小时期间你可以做点其他事情。

下载文件后缀为.tar，这并非标准的 Windows 文件格式，因此需要使用诸如 7-zip(7-zip.org)之类的工具解压缩.tar 文件内容。安装 7-zip 之后，右击.tar 文件，选择选项 Extract(解压缩)，会发现一个名称类似于 Xilinx_ISE_OS_Win_14.7_1015_1 的文件夹。在该文件夹中可找到程序 xsetup.exe。运行 xsetup.exe 安装 ISE。在出现如图 2-5 所示的窗口时，选择选项 ISE WebPACK。

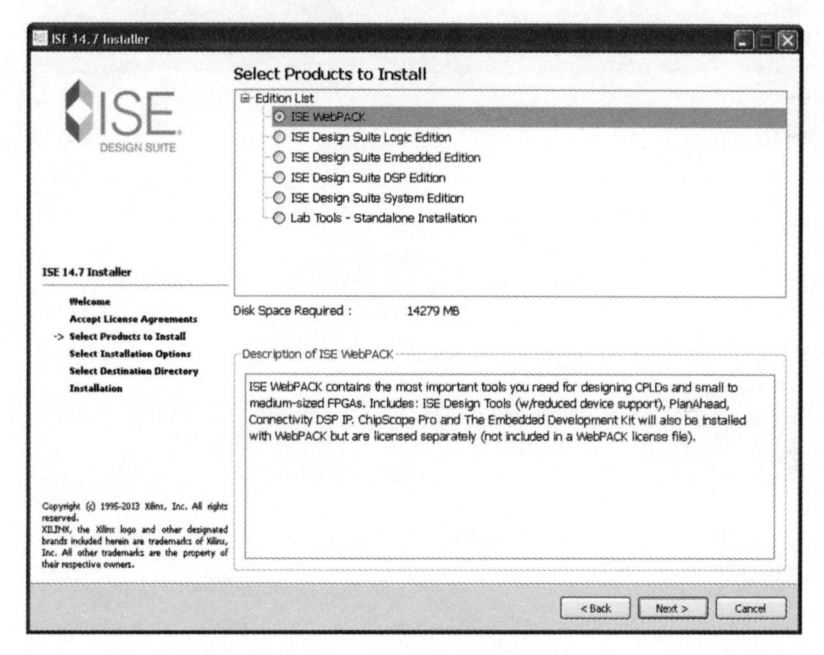

图 2-5 安装 ISE WebPACK

主安装程序将启动几个子安装程序用于其他封装包，期间询问是否同意几个许可证协议。你可接受安装中提示的所有默认设置。

在安装过程结束时，选择选项 Get Free Vivado/ISE WebPACK License。你需要重新登录，检查一个简短的表格，然后从获取的许可证列表中选择 Vivado Design Suite: HL WebPACK…。单击 Generate Node-Locked License 按钮，如图 2-6 所示。许可证将命名为 xilinx.lic 的附件发送给你；保存该文件，然后从仍然打开的 License Configuration Manager 中添加许可证。如果 License Configuration Manager 没有打开，可从 Xilinx Platform Studio 的 Help 菜单的 Manage License 选项打开。安装过程将在你的计算机桌面上添加一个新的快捷方式，即 ISE Design Suit 14.7。

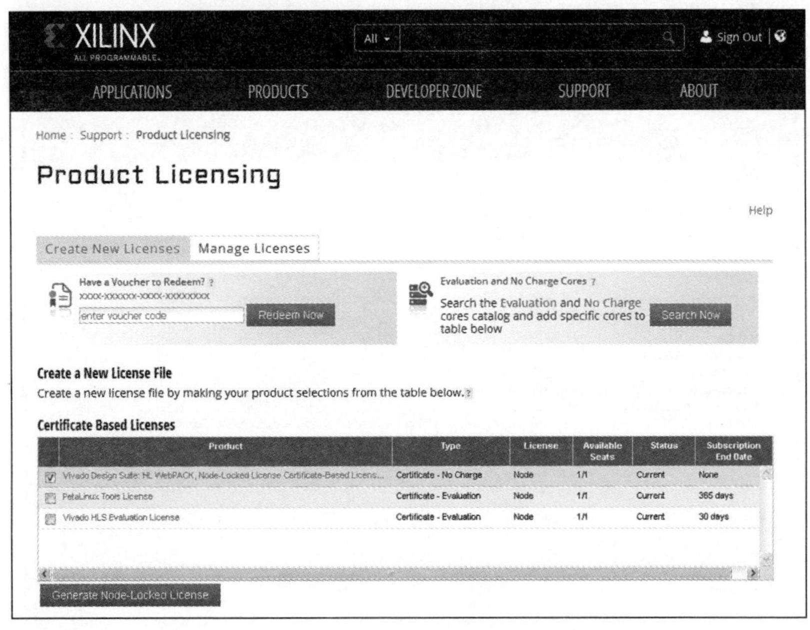

图 2-6　选择一个 ISE 许可证

2.5.2　安装 Elbert 软件

Elbert 开发板有一个软件工具用于对开发板编程。它仅处理最后一步，即将 ISE 生成的二进制文件复制到 Elbert V2 的闪存中。对于 Windows 用户，也需要安装 USB 驱动程序。

为设置计算机来使用Elbert，访问numato.com的Elbert V2 产品页面

(http://numato.com/elbert-v2-spartan-3a-fpga-development-board/)，然后单击Downloads选项卡。你需要下载：

- 配置工具(用于开发板编程)
- Numato Lab USB CDC 驱动程序
- 用户手册

为在 Windows 上安装 USB 驱动程序，将 Elbert V2 开发板插入计算机中，会启动 New Hardware Wizard。指向解压缩文件夹 numatocdcdriver 的向导，将安装驱动程序，并识别新硬件。

此后，Elbert V2 将被连接至 PC 的一个虚拟 COM 端口。为了确定是哪一个端口，打开 Windows Device Manager，你会发现它列于 Ports 区域，如图 2-7 所示。

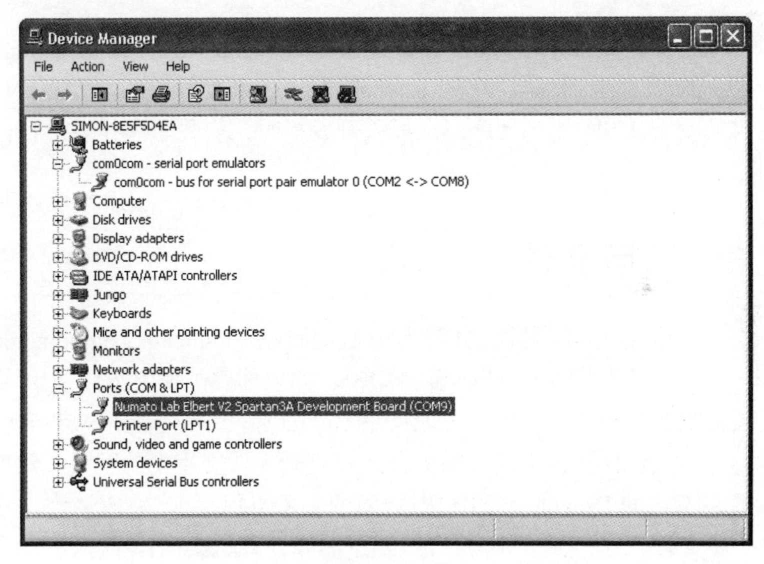

图 2-7　找到连接 Elbert 的 COM 端口

2.5.3　安装 Mojo 软件

Mojo 开发板也有需要安装的软件。访问 https://embeddedmicro.com/

tutorials/mojo-software-and-updates/installing-mojo-loader，下载对应于你的计算机架构和操作系统的 Mojo 引导程序。

注意 Mojo 开发板也支持 Arduino IDE，因为该开发板还包括一个 ATMega 微控制器(在主流 Arduino 微控制器开发板上也可找到)。在本书中，将不会对该微控制器进行编程或使用 Arduino IDE 上传图片至开发板，因此你需要 Mojo 引导程序以便上传到 Mojo 开发板。

Mojo 驱动程序与 Elbert 2 驱动程序的安装方式十分类似。转到 Found New Hardware Drive 区域，在 Mojo Loader 的安装文件夹中找到驱动程序(/mojo loader/driver)。

2.5.4 安装 Papilio 软件

你将在 http://forum.gadgetfactory.net/index.php?/files/file/10-papilio-loader-gui/页面上找到引导程序。对于 Papilio 和引导程序，安装软件会自动安装 USB 驱动程序。在插入开发板时，会显示为 FTDI Dual RS232。

2.6 项目文件

本书中的所有项目文件都包含在 https://github.com/simonmonk/prog_fpgas 页面上的 GitHub 资料库中。如果你熟悉使用 git，则可将代码复制到自己的计算机上。如果是 GitHub 新手，不需要安装 git 就将文件下载到计算机中的最简单方式是打开上段文字中的网页，然后单击右下角的 Download ZIP 按钮(如图 2-8 所示)。

将文件解压缩到一个方便的位置(例如计算机桌面)。结果将是名为 prog_fpgas_master 的文件夹，这个文件夹自身包含几个文件夹和文件，如名为 elbert2、mojo 和 papilio 的文件夹。这三个示例开发板的每个文件夹包含特定开发板所有项目代码的项目文件夹。每个项目都以其所在的章号开始。

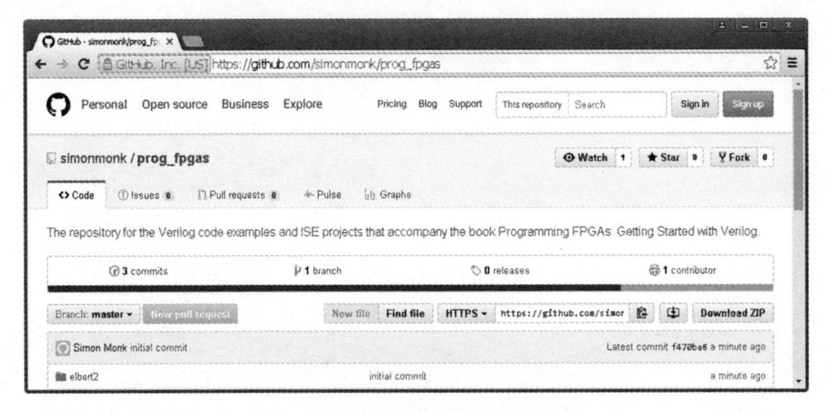

图 2-8　下载项目文件的 zip 文档

三个开发板的大部分 Verilog 都类似，除了硬件上的不同(例如在 Elbert 2 中是三数位而不是四数位 LED 显示数，开发板的时钟频率不同也会产生影响)。

每个项目文件都包含一个扩展名为.xise 的文件，这是项目文件，双击它将在项目上启动 ISE。.bit 文件是预置文件，使用开发板上的加载程序，可将其直接安装到 FPGA 开发板上。最后，如果想要通过自行综合设计来重建.bit 文件，可使用 src 文件夹中包含的实际 Verilog 或 schematic 文件。

项目文件夹开始是空文件夹，但只要打开一个项目，你会发现 ISE 添加了一些文件。当实际综合了一个设计并生成.bit 文件时，ISE 会创建更多文件。

2.7　小结

在本章中，你学习了关于 FPGA 的一些知识，并设置了计算机，准备开始 FPGA 编程。本书主要使用 Verilog 编写 FPGA 程序，但在学习 Verilog 之前，第 3 章将介绍如何使用门和触发器，通过绘制逻辑原理图进行 FPGA 开发板编程。

第 3 章 绘制逻辑

ISE 设计工具提供了两种 FPGA 编程方法。一种是绘制大家熟悉的逻辑原理图，另一种是使用硬件描述语言(Hardware Description Language，HDL)，例如 Verilog。我们首先学习原理图的方法，不过，熟练的 FPGA 设计者基本都使用 Verilog 或与其类似的 VHSIC 硬件描述语言(VHSIC Hardware Description Language，VHDL)。

即使你不准备绘制原理图，仅希望使用 Verilog，本章也有所帮助，因为它解释了如何使用 ISE 开发工具，并介绍了 Verilog 和原理图设计中常见的用户约束文件等概念。

本章将深入介绍 ISE 工具，以及该工具如何与其他复杂工具一起使用。在完成设计并准备 FPGA 编程前，你不必将开发板连接至计算机。

3.1 数据选择器示例

我们介绍的第一个示例是数据选择器(如图 3-1 所示)。不管使用哪款 FPGA，这里涉及的步骤大部分是相同的。我们将强调开发板的不同之处。

该设计有输入 A 和 B 以及输出 Q。根据 SEL(选择)，输出 Q 取值为 A 或 B，SEL 在两个输入 A 和 B 之间切换输出。表 3-1 显示了该数据选择器的真值表。注意非门标记为 INV(反相器)。这是非门的另一个名称。真值表中的 X 表示不管输入为高位或低位，输出不受其影响。

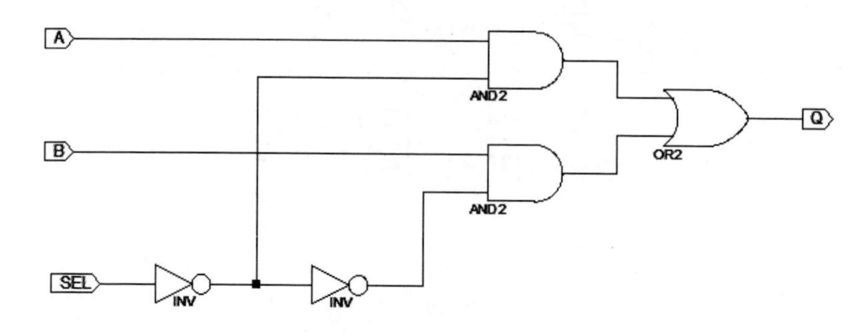

图 3-1　一个简单的数据选择器

表 3-1　数据选择器的真值表

输入 A	输入 B	输入 SEL	输出 Q
L	X	L	L
H	X	L	H
X	L	H	L
X	H	H	H

该电路的三个输入(A、B 和 SEL)连接 FPGA 开发板上的三个按压按钮，输出连接一个 LED，以便在使用时能真正看到输出。

如第 2 章所述，既可通过 GitHub 下载项目文件，也可根据以下指令从头创建项目。数据选择器项目位于 ch03_data_selector 文件夹中。

3.1.1　步骤 1：创建一个新项目

第一步是启动 ISE，然后选择菜单栏中的 File|New Project，打开如图 3-2 所示的 New Project Wizard。

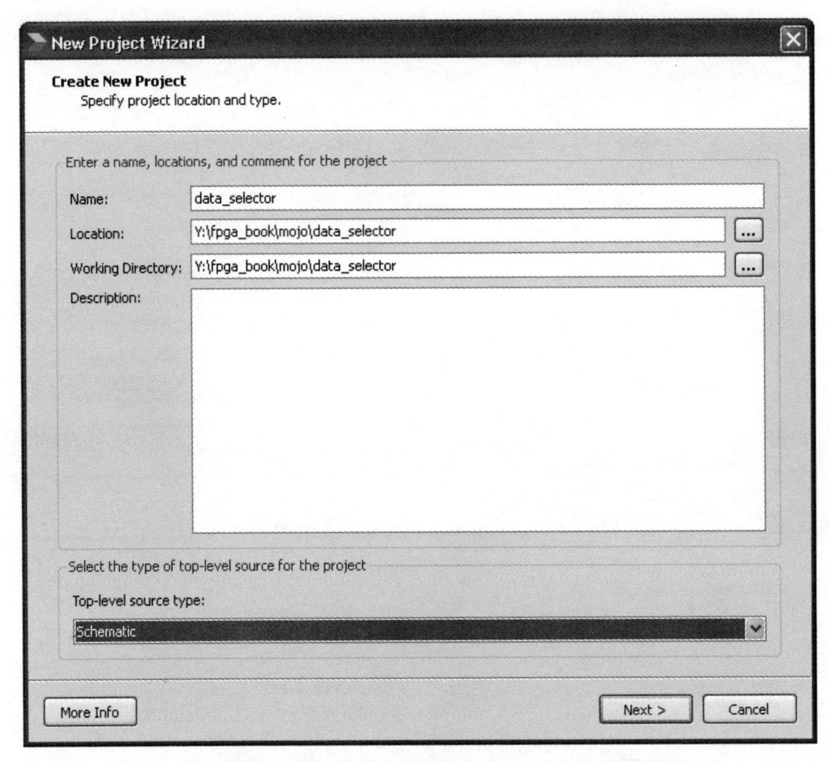

图 3-2 ISE 中的 New Project Wizard 界面

在 Name 字段输入 data_selector。在 Location 字段导航到将保存 ISE 设计的文件夹。Working Directory 字段将自动更新，以匹配该目录，因此不必改变 Working Directory 字段。

将 Top-level source type 下拉菜单改为 Schematic，然后单击 Next 按钮。

进入如图 3-3 所示的 Project Settings 界面。

此处的设置取决于所使用的开发板。图 3-3 显示了 Mojo 开发板的设置。

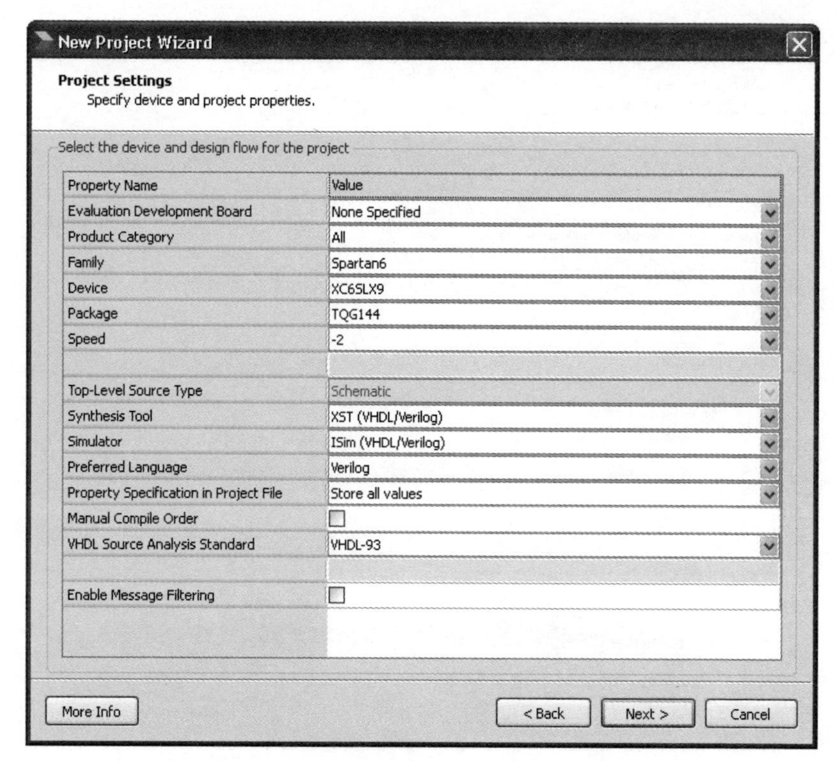

图 3-3　New Project Wizard——Project Settings(Mojo)

使用表 3-2 进行设置，然后重新单击 Next 按钮，你会发现诸如附录 B、附录 C 和附录 D 所示的关于 FPGA 开发板的更多设置和其他内容。

表 3-2　FPGA 开发板新项目设置

设置	Elbert 2	Mojo	Papilio One
评估开发板	无说明	无说明	无说明
产品分类	所有	所有	所有
系列	Spartan3A 和 Spartan3AN	Spartan6	Spartan3E

(续表)

设置	Elbert 2	Mojo	Papilio One
设备	XC3S50A	XC6SLX9	XC3S250E 或 XC3S500(参见注释)
封装包	TQ144	TQG144	VQ100
速度	-4	-2	-4

注释：对于 Papilio One 250k，使用 XC3S250E；对于 Papilio One 500k，使用 XC3S500。

向导窗口接着显示新项目概览，你可单击 Finish 按钮，创建如图 3-4 所示新的空项目。

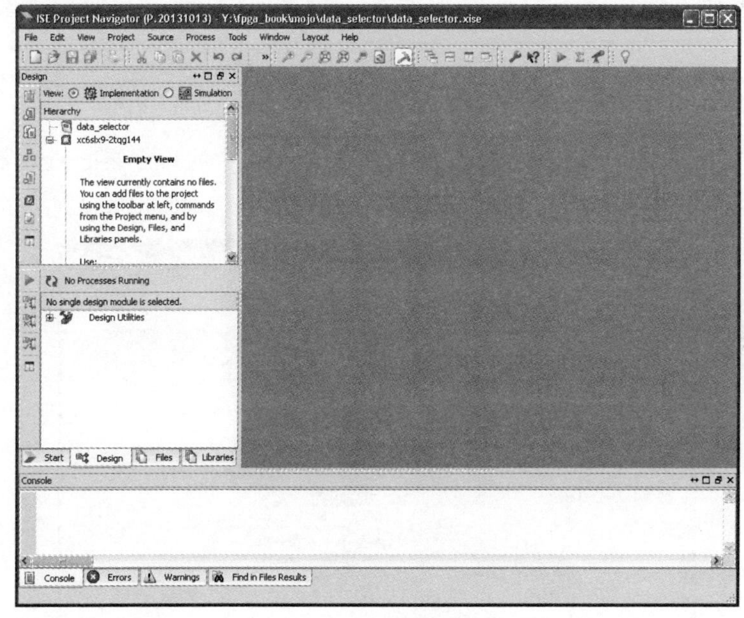

图 3-4 一个新项目

显示页面分为四个主要区域。左上部分是项目视图，这里可找到组成项目的各种文件。它的组织为树状结构。最初，该区域有两个选择项，一个是 data_selector，另一个根据设备类型和封装包自动命名(xc6slx9-2tqg144)。最终包含两个文件——我们将创建的系统原理图，以及定义输入和输出与 FPGA 开发板上实体开关和 LED 原理图连接关系的“实现约束”文件。

也可双击 xc6slx9-2tqg144(或项目中的任意名称)打开项目属性。因此，如果使用 New Project Wizard 时设置有误，总是可以双击错误设置来纠正它。

Project View 的左下部分是设计视图。设计视图最终列出应用于设计中的有用操作，包括生成在 FPGA 开发板上部署的二进制文件。

窗口底部较宽的区域是控制台，其中显示错误信息、警告和其他信息。

窗口右侧的较大区域是编辑器(Editor)区域，你将在此处绘制原理图。

3.1.2　步骤 2：创建一个新的原理图

为创建一个新的原理图，右击 Project View 中的 data_selector 并选择选项 New Source...。这将打开 New Source Wizard(如图 3-5 所示)。

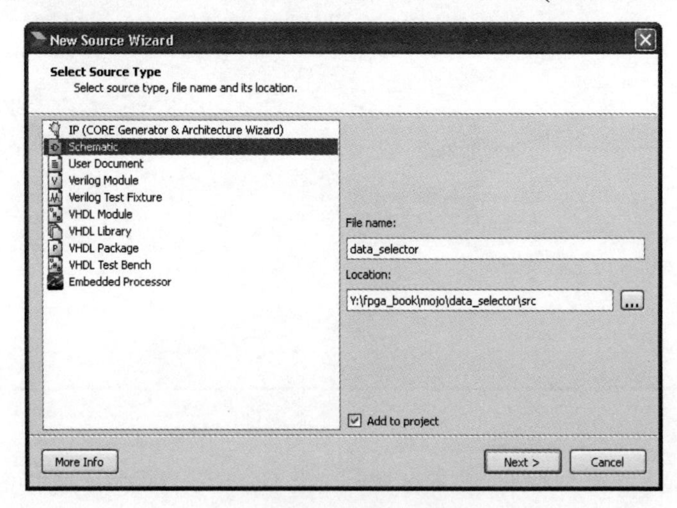

图 3-5　New Source Wizard

选择源文件类型为Schematic，在File name字段输入data_selector，然后单击Location字段后面的省略号。为紧凑起见，在默认的项目目录中创建一个新文件夹，命名为src。然后单击Next按钮，会显示一个概述界面，你可相应地单击 Finish。这将生成一个空白区域，你可在其中绘制原理图，如图3-6所示，该图显示了将用于标记的部件。

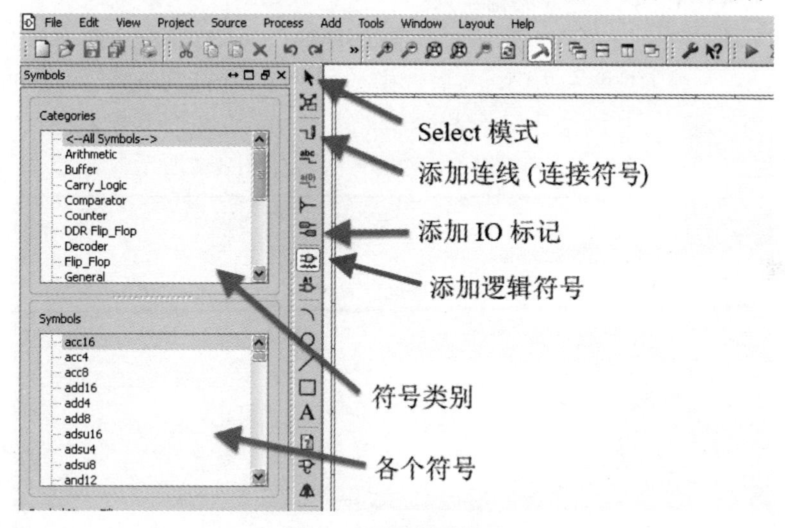

图3-6 原理图编辑器

编辑器区域左上方的菜单栏图标控制窗口模式以及窗口左侧显示的内容：

- 最上面的图标(箭头)使窗口进入Select模式。在拖动电路符号或改变其属性之前，需要单击该图标。
- 在将门和其他电路符号连接在一起时，单击“添加连线(Add wire)”模式。
- IO标记用于标识所设计的原理图和FPGA IC实际管脚之间的边界。该模式允许你添加这些符号。
- 添加逻辑符号。图3-6显示已选择该模式。左侧控制栏分为两部分，上面显示电路符号类别，下面列出相应分类中的组件符号。

3.1.3　步骤 3：添加逻辑符号

单击“添加逻辑符号(Add Symbol logic symbols)”图标进入供添加逻辑符号的界面(如图 3-6 所示)。你将添加两个两输入与门、一个两输入或门和两个非门(反相器)。

单击 Logic 类别，然后选择 and2(两输入 AND)。此后两次单击 Editor 区域下拉两个与门，接着选择 or2 并将一个或门下拉至与门的右侧。最后添加两个非门(反相器)，将其分别放在与门下方和左侧。缩进一点(窗口上方的工具栏)，Editor 区域如图 3-7 所示。

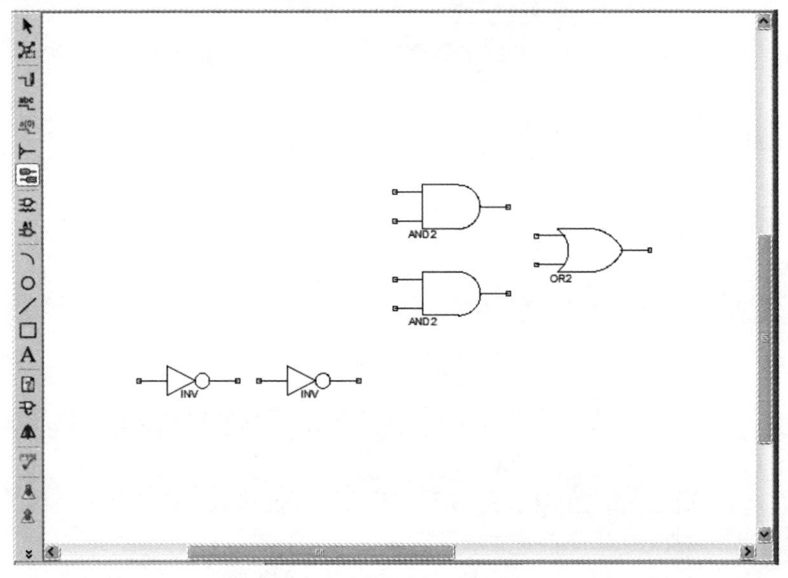

图 3-7　各就其位的逻辑门

3.1.4　步骤 4：连接门

单击 Add wire 图标，然后将门连接在一起，其布置如图 3-1 所示。单击其中一个方形连接点，将其拖到你要连接的连接点或线上。软件将自动弯曲连接线。若要整理原理图，可改变 Select 模式，拖动符号和引线。最终结果如图 3-8 所示。

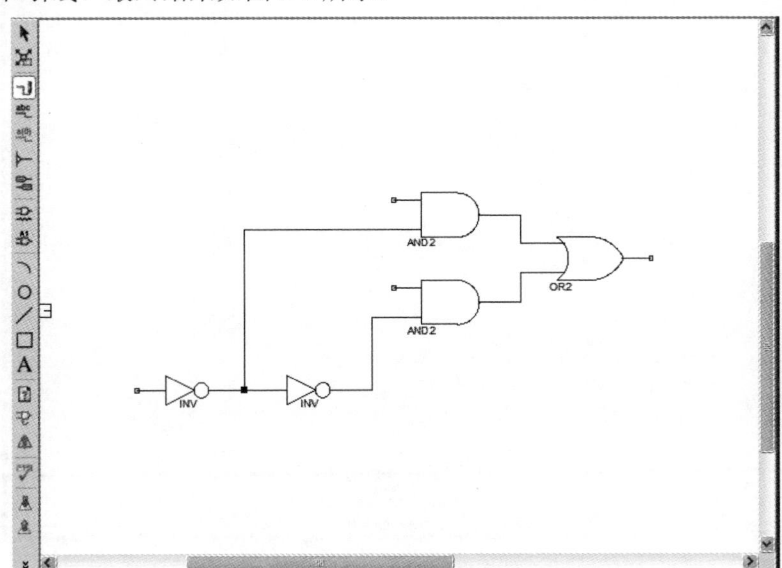

图 3-8 使用引线连接的符号

3.1.5 步骤 5：添加 IO 标记

单击 Add IO marker 图标，然后通过从当前引线拖动鼠标，给所有输入和输出添加标记。注意软件是如何确认输出的。

最初，连接都以诸如“XLXN_1”的方式命名。为将这些名称改为更有意义的名称，改变 Select 模式，右击一个 IO 连接器，选择菜单选项 Rename Port。将端口名改为与图 3-9 一致。

注意我们已将输出命名为Q。在命名输出时要注意，因为关键字 OUT 已被 ISE 占用，因此不能将任意连接命名为 OUT，否则在试图组建项目时会出错，错误信息为 Don’t call things OUT(不要命名为 OUT)。你可在 www.xilinx.com/itp/xilinx10/isehelp/ite_r_verilog_reserved_words.htm 页面上找到其他保留关键字的列表。

现在完成了原理图，应该执行 File|Save 来保存原理图设计。

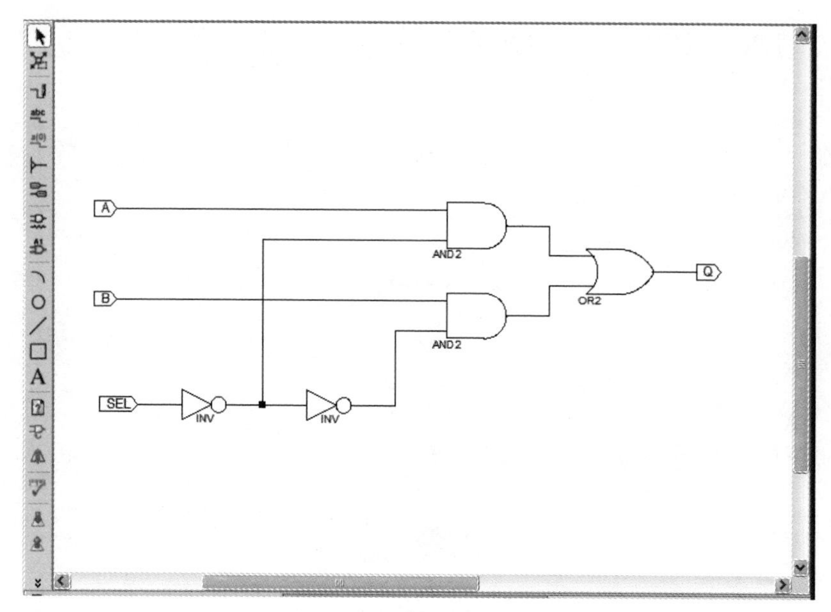

图 3-9　已完成的原理图

3.1.6　步骤 6：创建用户约束文件

现在开始执行 FPGA 开发板硬件特有的操作步骤。我们将使用用户约束文件(UCF)将系统中的 NET 名称(SEL、A、B、Q)映射为 FPGA 管脚名称，例如 P123。这一映射是必需的，因为每个开发板以及插入防护板都使用不同的 FPGA 管脚。

UCF 创建为一个源文件。单击 Design View 底部的 Design 选项卡，返回最初的 Project View。右击 data_selector 并重新选择 New Source…打开 New Source Wizard。这时选择 Implementation Constraints File(ISE 下 UCF 的名称)，根据所用的开发板，输入文件名 data_selector_elbert、data_selector_mojo 或 data_selector_papilio。同时，将位置设置为位于 src 目录中，如图 3-10 所示。单击 Next 按钮，结束向导。

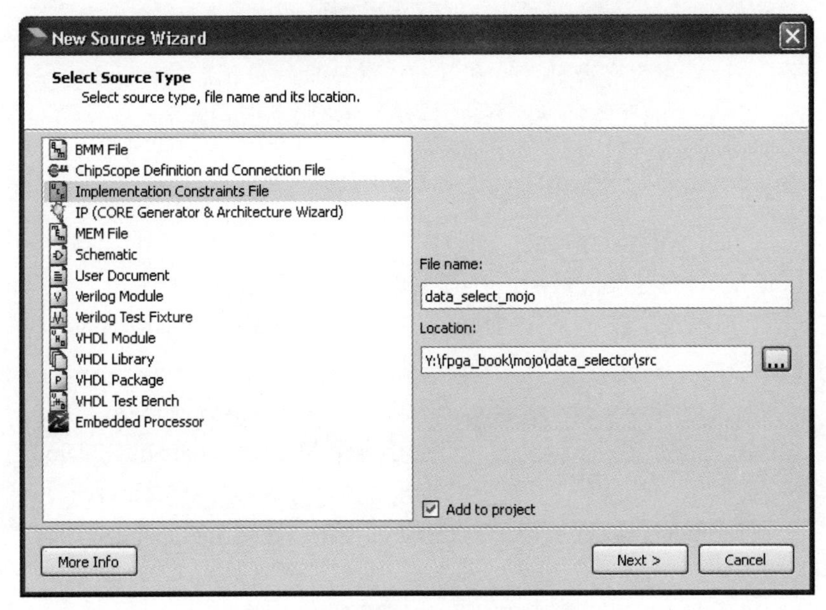

图 3-10 创建一个用户约束文件

这将打开一个空的文本编辑器窗口，如果你正在使用 Mojo 和 IO Shield，需要输入如下文本：

```
# User Constraint File for Data Selector on Mojo IO Shield

# DIP Switch 0 is selector for channels A and B
# Left Push Switch is input A
# Right Push Switch is input B
# LED 0 is output

NET "SEL" LOC = "P120" | PULLDOWN;
NET "A" LOC = "P142" | PULLDOWN;
NET "B" LOC = "P138" | PULLDOWN;

NET "Q" LOC = "P97";
```

如果使用的是 Elbert 或 Papilio，不必担心——它们与 Mojo 大同小异——只需要改变管脚数目和其他一些选项，见稍后的讨论。

以#开头的代码行是注释行。注释行类似于 C 和 Java(以及 Verilog)中以//开头的代码行，不参与程序功能的实现。以#开头的行不是配置信息，只是为了便于阅读代码。

之后，NET 命令定义了原理图上的网络名与实际硬件上管脚位置(LOC)之间的链接。最后，在开关电路代码行的结尾，有一个“|”符号，后面是关键字 PULLDOWN，用于使能该输入管脚内部的下拉电阻。

如果参阅附录 B、附录 C 和附录 D，会找到编写 FPGA 开发板 UCF 需要的所有信息。例如，附录 C 介绍 Mojo 和 Mojo IO Shield，图 C-2 显示 Mojo IO 开发板上的按压开关，与本章的图 3-11 对应。例如，在 Mojo IO 开发板上标记为 LEFT 的按钮被连接至 FPGA 上的 P142 管脚。

以下是 Elbert 2 的 UCF，与 Mojo 类似：

```
# User Constraint File for Data Selector on Elbert 2

# DIP Switch 8 is selector for channels A and B
# Left Push Switch (SW1) is input A
# Right Push Switch (SW2) is input B
# LED D1 is output

NET "SEL" LOC = "P70" | PULLUP;
NET "A" LOC = "P80" | PULLUP;
NET "B" LOC = "P79" | PULLUP;

NET "Q" LOC = "P55";
```

除了不同的 FPGA 管脚位置，开关管脚都被设置为 PULLUP，而非 PULLDOWN，因为不同于 Mojo IO Shield，Elbert 开关接地。

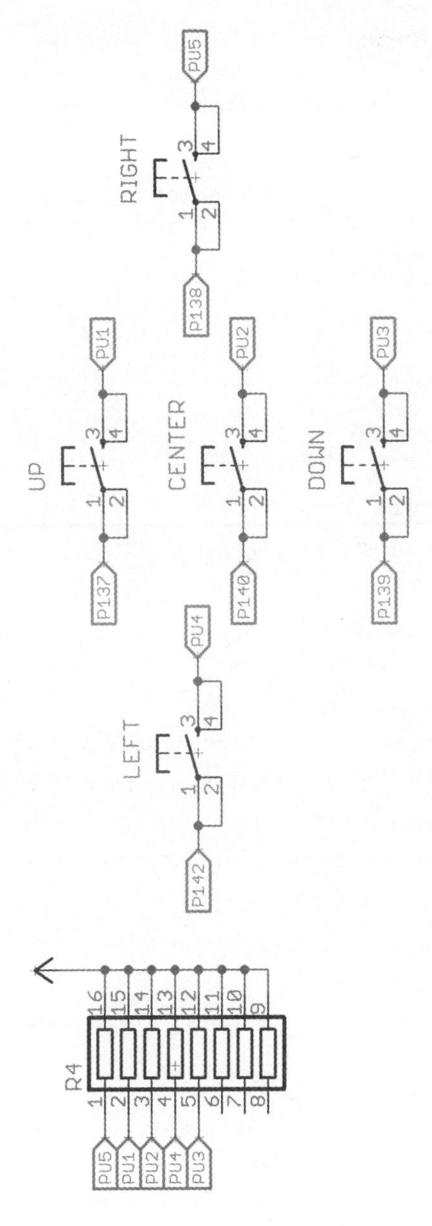

图 3-11 Mojo 按钮原理图

最后，以下是Papilio的UCF：

```
# User Constraint File for Data Selector on Papilio Logic
# Mega Wing
# Slide Switch 0 is selector for channels A and B
# Left Push Switch on the joystick input A
# Right Push Switch on the joystick input B
# LED 0 is output

NET "SEL" LOC = "P91";
NET "A" LOC = "P34" | PULLUP;
NET "B" LOC = "P36" | PULLUP;

NET "Q" LOC = "P5";
```

Papilio LogicStart MegaWing的滑动开关既不需要启用上拉电阻，也不需要启用下拉电阻，但操纵杆开关需要上拉电阻(参见附录D)。

3.1.7 步骤7：生成.bit文件

现在开始准备综合设计，并生成编程文件下载到开发板上。因此选择左侧Processes部分层级结构中的data_selector选项，其下会出现一些选项。其中一个过程是Generate Programming File(如图3-12所示)。右击该选项，选择Run。

如果不出差错，在生成程序文件的过程中会在Console中显示很多文本。如果出错，这里会显示错误信息，请仔细阅读错误信息。也可指向出现错误的位置。通常你会发现，这些只是UCF文件中的标点符号放置有误或拼写有误。

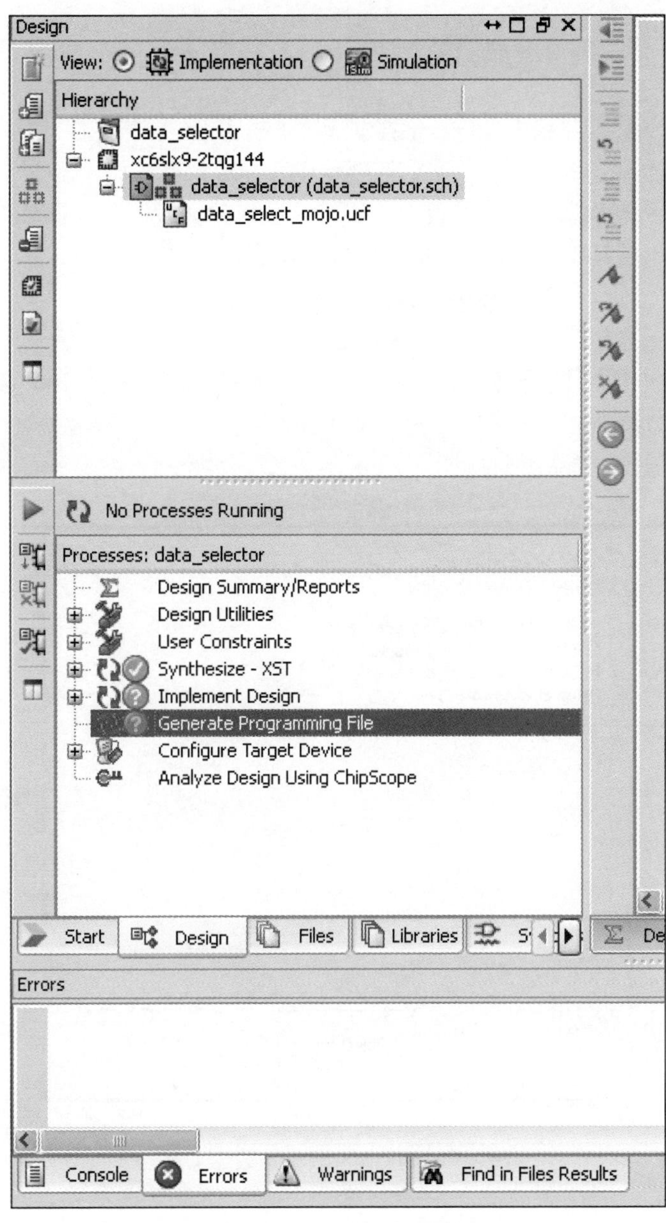
Design
View: Implementation Simulation
Hierarchy
data_selector
xc6slx9-2tqg144
data_selector (data_selector.sch)
data_select_mojo.ucf
No Processes Running
Processes: data_selector
Design Summary/Reports
Design Utilities
User Constraints
Synthesize - XST
Implement Design
Generate Programming File
Configure Target Device
Analyze Design Using ChipScope
Start
Design
Files
Libraries
Errors
Console
Errors
Warnings
Find in Files Results

图3-12　生成程序文件

3.1.8 步骤 8：编写开发板

上述所有操作最终会在项目的工作目录下生成一个名为 data_selector.bit 的文件。我们需要使用开发板特有的加载器(之前已下载)将该文件移植到开发板上。不管使用何种加载器，过程都相同：

- 使用 USB 线将开发板连接至计算机。
- 确保在加载器用户界面选择了正确串口。
- 选择安装在 FPGA 开发板上的.bit 文件。
- 根据开发板加载器程序，按下 Program、Load 或 Run 按钮，将.bit 文件安装到 FPGA 开发板上。

三种加载器工具如图 3-13 所示。

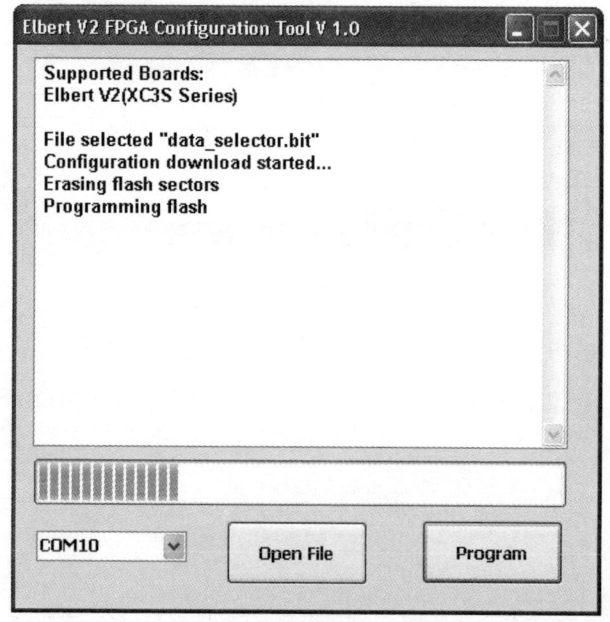

(a) Elbert

图 3-13 FPGA 开发板加载器工具

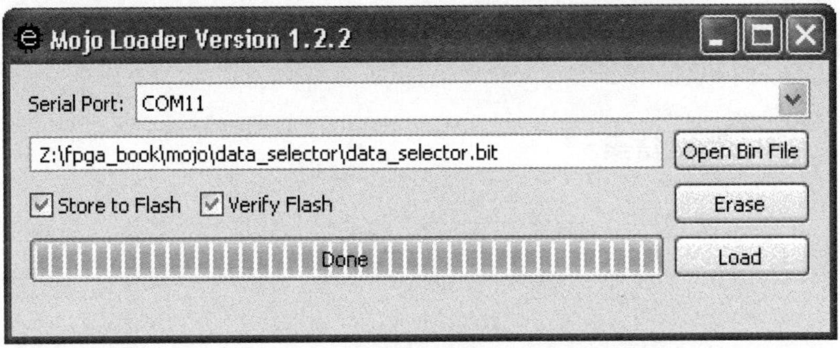

Mojo Loader Version 1.2.2

Serial Port: COM11

Z:\fpga_book\mojo\data_selector\data_selector.bit

Open Bin File

Store to Flash Verify Flash

Erase

Done

Load

(b) Mojo

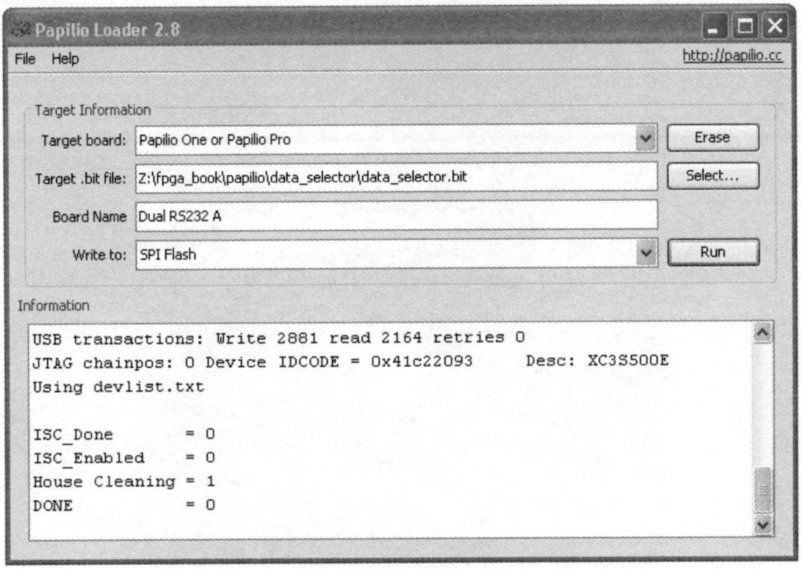

Papilio Loader 2.8

File Help http://papilio.cc

Target Information

Target board: Papilio One or Papilio Pro

Erase

Target .bit file: Z:\fpga_book\papilio\data_selector\data_selector.bit

Select...

Board Name Dual RS232 A

Write to: SPI Flash

Run

Information

```
USB transactions: Write 2881 read 2164 retries 0
JTAG chainpos: 0 Device IDCODE = 0x41c22093     Desc: XC3S500E
Using devlist.txt

ISC_Done        = 0
ISC_Enabled     = 0
House Cleaning = 1
DONE            = 0
```

(c) Papilio

图 3-13 FPGA 开发板加载器工具(续)

Mojo 加载器也提供 Store to Flash(选择该选项)选项和 Erase 按钮。你不需要单击 Erase 按钮；Load 按钮会在加载前清除。Mojo 加载器的一个特性是，文件选择器默认为.bin 而不是.bit 格式，因此在选择生成.bit 文件时，需要将过滤器设置为 all files。

Papilio Loader 有一个写入 SPI 闪存、FPGA 或硬盘文件的选项，选择 SPI Flash。

3.1.9　测试结果

图 3-14 显示了 Elbert 2 开发板，可通过该板来控制数据选择器的测试。滑动开关 8，选择按钮 SW1 或 SW2 来控制 LED D1。

图 3-14　在 Elbert 上测试数据选择器

将滑动开关8置于左侧ON的位置。最初看到Elbert V2上的LED D1点亮。如果按下SW1，则LED熄灭。释放该按钮，LED D1重新点亮。按下SW2无效。现在将滑动开关8置于OFF位置，你会注意到SW1不再有效，但SW2确实改变了LED的状态。

这就是数据选择器应有的工作方式。该逻辑有点令人迷惑，因为在被接地(GND)时，按下按钮，按压开关将反相工作。

图3-15显示了使用Mojo的相同实验。此时IO Shield上的LED 0用作输出Q。滑动开关0、选择器SEL以及输入A和B分别使用左侧和右侧的按钮。执行与Elbert 2相同的测试步骤，验证数据选择器是否工作。

图3-15 在Mojo上测试数据选择器

如果在 Mojo 上测试，按下按钮时，按压按钮为 HIGH，因为输入未反相。

Papilio LogicStart MegaWing 使用操纵杆提供输入 A 和 B。将操纵杆移至左边作为输入 A，移动至右边作为输入 B(如图 3-16 所示)。

图 3-16　在 Papilio 上测试数据选择器

3.2　一个 4 位计数器示例

第 2 章介绍过如何使用四个 D 触发器组建一个计数器。现在使用新项目的总体原理图编辑器组建计数器。

与“数据选择器”示例中一样，首先创建一个新项目，命名为 counter(计数器)。在运行 New Project Wizard 时会看到，ISE 记下了上一个项目的所有项目设置，这意味着可接受默认设置，这些设置对开发板来说也是正确的。如果更喜欢加载已完成的项目，可在本书的可下载项目文件夹 ch03_counter 中找到。

3.2.1 绘制原理图

创建一个新的原理图源文件(counter)，绘制原理图。可能找到正确的符号比较困难，因此在找到正确的符号前，需要将一些选择的符号拖到空白编辑框中。通过选择不需要的符号并按 Delete 键，删除这些符号。我们所使用的每个 D 触发器都可在 Flip_Flop 目录下找到，称为 fd。ISE 库中的 D 触发器没有反相输出，所以使用四个非门(反相)提供反相输出。为 Clock 和 QA 乃至 QD 添加一些 IO 标记。最终结果如图 3-17 所示。

3.2.2 实现约束文件

也可创建实现约束文件(或 UCF)并添加内容。这里是 Elbert 2 下的一个 UCF：

```
# User Constraint File for 4 digit counter on Elbert 2

# Left Push Switch (SW1) is Clock
# LEDs D1 to D4 are outputs

NET "Clock" LOC = "P80" | PULLUP | CLOCK_DEDICATED_ROUTE
= FALSE;

NET "QA" LOC = "P55";
NET "QB" LOC = "P54";
NET "QC" LOC = "P51";
NET "QD" LOC = "P50";
```

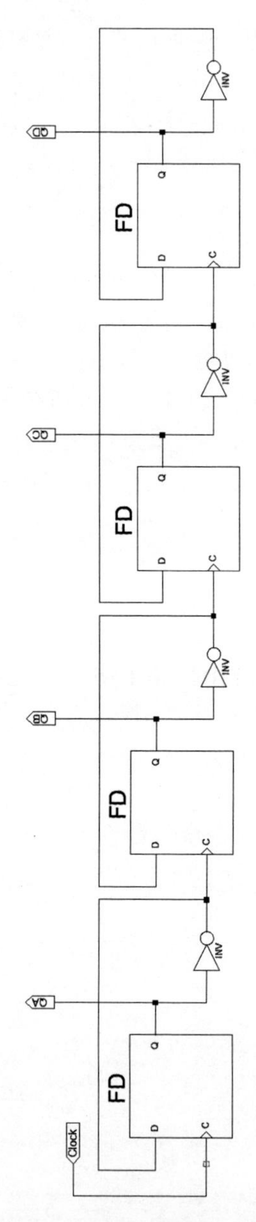

图 3-17 四位计数器原理图

第一行表示 Clock 是一个时钟信号，不应该从属于特定的布局布线。这是因为它被连接至一个按压开关，而非一个高频内置时钟。在稍后会看到，实际上，你会使用同步设计，同步只有在每个系统时钟变化时才改变状态。然而这里忽略这点，只做一个简单的计数器。

Mojo 下的 UCF 几乎一样，只需要改变管脚名称。

```
# User Constraint File for 4 digit counter on Mojo

# Right Push Switch is Clock
# LEDs 0 to 3 are outputs

NET "Clock" LOC = "P138" | PULLDOWN |CLOCK_DEDICATED_ROUTE
= FALSE;

NET "QA" LOC = "P97";
NET "QB" LOC = "P98";
NET "QC" LOC = "P94";
NET "QD" LOC = "P95";
```

Papilio 下的 UCF 也一样：

```
# User Constraint File for 4 digit counter on Papilio and
# LogicStart MegaWing

# Joystick select Push Switch is Clock
# LEDs 0 to 3 are outputs

NET "Clock" LOC = "P22" | PULLUP | CLOCK_DEDICATED_ROUTE
= FALSE;

NET "QA" LOC = "P5";
NET "QB" LOC = "P9";
NET "QC" LOC = "P10";
NET "QD" LOC = "P11";
```

3.2.3 测试计数器

生成编程文件，然后使用加载器将其部署到开发板上。注意，你会发现 ISE 的一些警告信息，但暂时先忽略这些信息。

按下任意按压按钮作为时钟信号，你会看到 LED 进行二进制计数。你也会注意到按压开关的抖动，LED 可能跳过一些数字。第 5 章将介绍如何对按压开关“去抖”来防止错误的触发。

3.3 小结

本章列举了两个示例项目，所使用的原理图编辑器太简单，不足以作为实用的原理图编辑器，但随着设计越来越复杂，使用 Verilog 定义逻辑也更快捷。在第 4 章中，我们使用 Verilog 重新实现这里的两个示例，然后介绍更复杂的示例。

第 4 章

Verilog 简介

Verilog 是一门硬件描述语言(Hardware Description Language，HDL)。与其竞争对手 VHDL 一样，Verilog 是一种最常见的 FPGA 编程方式。用原理图进行 FPGA 编程为人熟知且易于理解，为何要学习一门复杂的编程语言做同样的事情呢？实际上，答案在于，随着设计越来越复杂，使用编程语言比绘制原理图更容易表示一个设计。

Verilog 看起来像一门编程语言，确实，你会发现 if 语句、代码块和其他类似于软件的命令，包括加减数字等。

如第 2 章末尾处所介绍的，本章的示例以及全书的示例都可从本书 GitHub 资料库下载。

4.1 模块

程序员将 Verilog 模块视为类似于面向对象语言中的类。它定义了具有公共和私有属性的逻辑集合，在设计中可多次实例化。

如果电路更多是你的设计，可将模块看成设计的子组件，该子组件定义了与其他模块或 IC 的连接关系。一个简单的设计可能只包含单个模块，但如果设计更复杂，它会是一个模块的集合，模块间互相连接。这样，你也能在自己设计中使用其他人设计的模块。

4.2 引线、寄存器和总线

Verilog 语言中的引线(将一物连接至另一物)或寄存器(存储状态，因此更类似于程序变量)在传统编程语言中是变化的。一个引线和寄存器涉及单个二进制数位。通常你希望一次运行多位，因此可将多位组合为一个向量(vector)，作为一个整体运行。这类似于传统编程语言中使用任意长度的字。定义此类向量时，会声明其高位和低位。下例定义了一个 8 位计数器。

```
reg[7:0] counter;
```

4.3 并行执行

因为 Verilog 描述的是硬件而非软件，在 Verilog 中隐 含 了 并 行性。如果设计中有三个计数器，每个计数器均连接不同的时钟，这是很合适的，每个计数器完成自己的功能。这与使用微控制器不一样，微控制器是单线程执行。

4.4 数字格式

在 Verilog 中你会多次处理向量，如果使用任意基数任意位长的数为向量赋值，这将很方便。Verilog 使用特殊的句法。如果你没有声明位数和基数，则默认为十进制数，未使用的数位设置为 0。数字格式以十进制数开始，紧跟着一个单引号，然后是基数指示符(b=二进制，h=十六进制，d=十进制)，接着是常数。

这里有一些 Verilog 整数常数：

4'b1011	四位二进制常数
8'hF2	八位十六进制常数
8'd123	八位十进制数 123
123	未定义位数的十进制数 123(ISE 将尽其所能猜数位)

4.5　使用 Verilog 编写的数据选择器

我们不只是单独了解 Verilog，还将学习如何在 ISE 中使用 Verilog。既可遵循这里的指令创建项目，也可使用本书下载资料中的项目。下载资料中的项目文件夹名为 ch04_data_selector_verilog。

首先创建一个新项目。当显示 New Project Wizard(如图 4-1 所示)时，将其命名为 data_selector_verilog，将 Top-level source type 下拉菜单改为 HDL。在为原理图设计创建新项目时需要做这一改变。

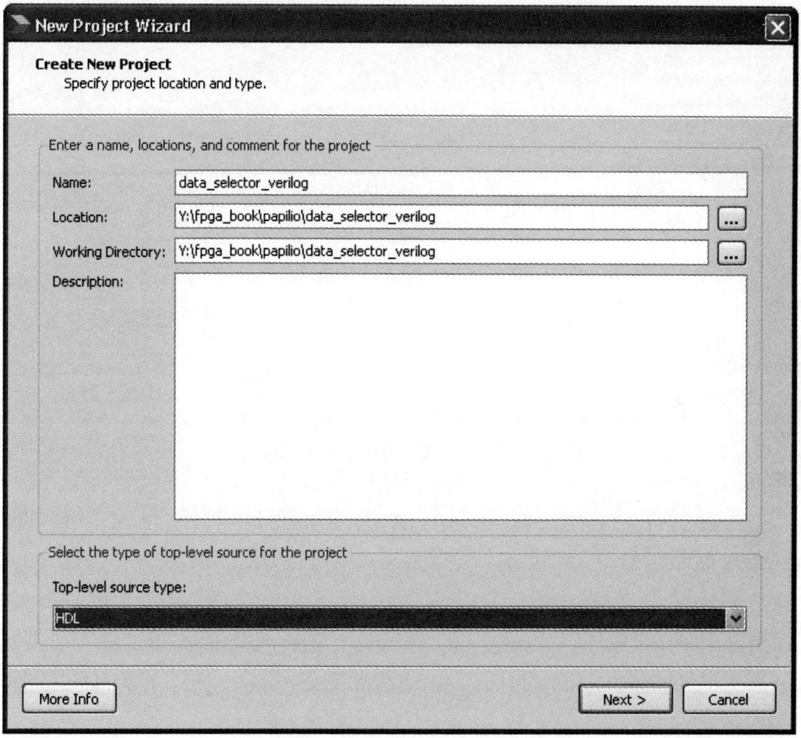

图 4-1　New Project Wizard 界面

创建项目时，如果使用附录 B~附录 D 所示的开发板，记得改变设置。如果一直只使用其中一种开发板，ISE 会记得上次创建项目时使用的设置。

现在需要为 Verilog 版本的数据选择器创建新的源文件。右击项目，选择选项 New Source...，将打开 New Source Wizard(如图 4-2 所示)。

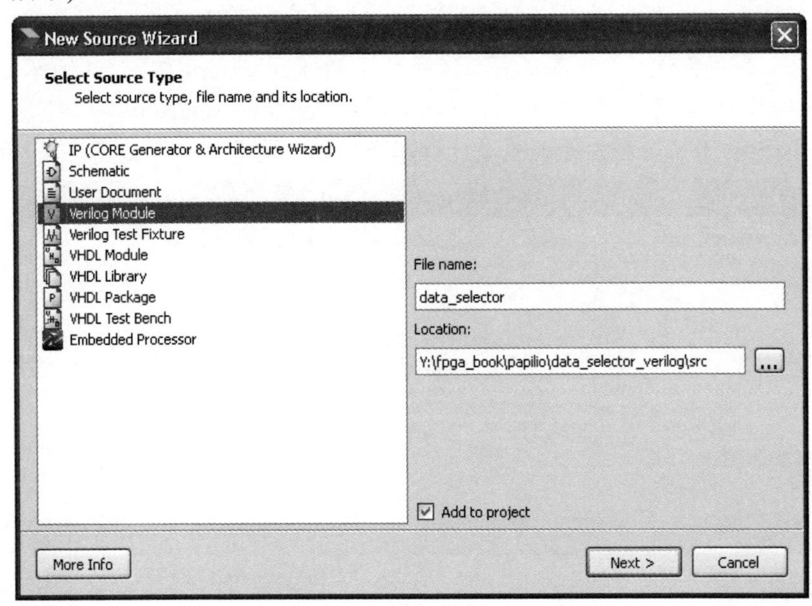

图 4-2　创建一个新的 Verilog 源文件

选择一种 Verilog 模块源文件类型，如原理图设计，将源文件命名为 data_selector，然后设置目录为 src。单击 Next 按钮，系统会提示你定义模块的输入和输出(如图 4-3 所示)。此步骤生成 Verilog 模块开始时需要的一些代码。如果愿意，可只单击 Next 按钮而不直接在 Verilog 文本目录中添加任何输入或输出以及类型。然而，到目前为止，上述步骤节省了输入时间。现在我们使用向导。

使用 New Source Wizard 窗口定义三个输入(A、B 和 SEL)以及一个输出(Q)，如图 4-3 所示。单击 Next 按钮，然后在概览(summary)页面，单击 Finish。向导将为使用你输入的信息的 Verilog 模块生成一个模板文件。该文件具有标准的 Verilog 文件扩展名.v。

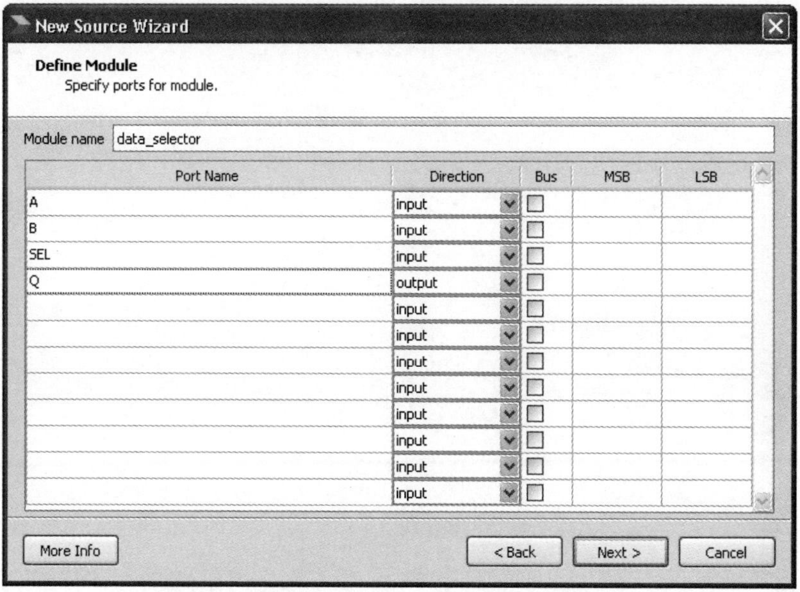

图 4-3 为新的 Verilog 源文件定义输入和输出

现在，该模块实际上尚未实现任何功能；模块顶部有一大块注释，为简洁起见，可将其删除。我们来分析 New Source Wizard 生成的代码，如图 4-4 所示。这里列出所生成的代码。

```
module data_selector(
 input A,
 input B,
 input SEL,
 output Q
 );

endmodule
```

该模块以关键字 module 开始，此后是模块名。括号内是模块的输入和输出。关键字 endmodule 标识模块定义的结束。

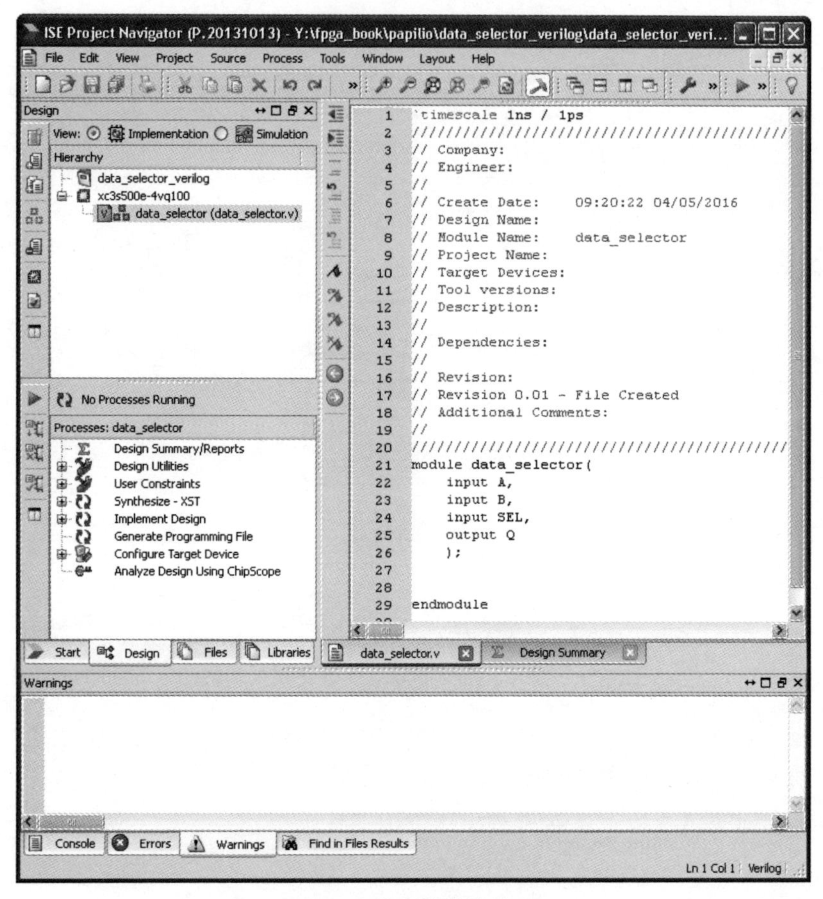

图 4-4 生成的模块代码

修改代码文本如下所示。注意加粗标识的添加代码。第一个变化是对 Q 的输出定义添加关键字 reg。这表示 Q 是一个寄存器，因此可被修改。

```
module data_selector(
 input A,
 input B,
 input SEL,
```

```
  output reg Q
  );

always @(A or B or SEL)
begin
 if (SEL)
   Q = A;
 else
   Q = B;
end

endmodule
```

还添加了 always 代码块。紧跟着 always 的是@符号之后的“敏感”列表。它定义了对 always 块敏感的信号(信号由关键字 or 隔开)。即 begin 和 end 之间的代码会被执行。该段代码就像是编程语言而非硬件定义语言。

如果 SEL 为 1，不管 A 的状态如何，Q 都会被赋值为 A 的状态。否则，Q 会被设置为输入 B 的取值。这正是选择器应该实现的功能。

这就是 Verilog 实现 data_selector 示例的全部代码。若要测试该示例，仍然需要一个实现约束文件或 UCF。为本项目创建的原理图版本中的 UCF 可用于此处。从原理图 data_selector 项目中的 src 目录将.ucf 文件复制到 data_selector_verilog 项目中的 src 目录，然后右击 ISE 的层级结构区域，选择 Add Source...，则将导航至你刚才复制到 data_selector_verilog 文件夹的.ucf 文件。

组建项目，采用与原理图项目同样的方式将其安装在开发板上。项目将以同样的方式运行。

4.6　使用 Verilog 编写的计数器

也可使用 Verilog 实现 counter schematic 项目。既可用这里的指令创建项目，也可使用本书下载资料中的项目。下载资料中的项目文件夹名为 ch04_counter_verilog。

这里，当你创建新的项目时，可将其命名为 counter_verilog。在新的 src 目录下创建一个新的 Verilog 模块源文件(命名为 counter)，添加输入和输出，如图 4-5 所示。

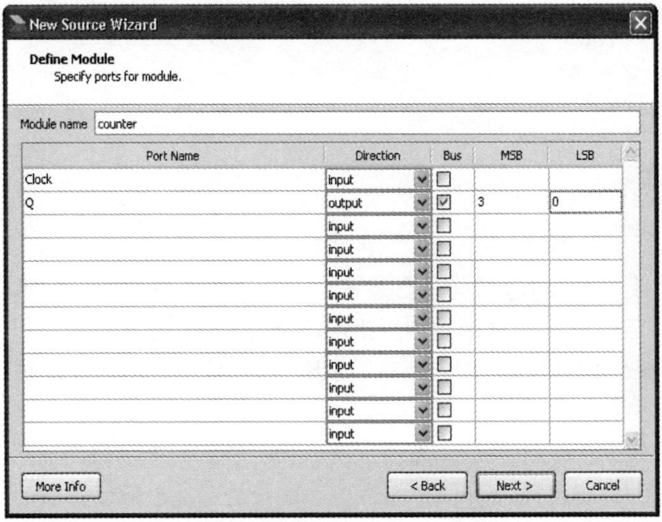

图 4-5 为计数器定义输入和输出

通过选中 Bus 复选框，将输出 Q 定义为总线。MSB 列表示其最高有效位(此处为 3)，在 LSB(最低有效位)列输入 0。

结束向导，生成的代码如下所示：

```
module counter(
 input Clock,
 output [3:0] Q
 );
```

现在需要为计数器添加计数逻辑，因此编辑如下代码：

```
module counter(
 input Clock,
 output reg [3:0] Q
 );
```

```
always @(posedge Clock)
begin
 Q <= Q + 1;
end

endmodule
```

添加的代码用粗体显示。always 块中的敏感表包括 Clock 信号的正边沿。在 Clock 信号变为高时，将执行 begin 和 end 之间的代码。这里仅对 Q 加 1。

在对 Q 加 1 时，使用<=而非=运算符。这类赋值称为非阻塞赋值，通常用于时序逻辑。在下一节讲述同步逻辑时会介绍原因。

注意在本例中，因为 0 和 1 在任何基数下都是相同的，在数字常量中我们没有定义基数或位数。

现在需要为项目添加.ucf 文件。相对于在第 3 章创建的最初计数器项目中基于原理图的项目，.ucf 文件有所改动。唯一的变化是现在的输出是一条总线 Q[0]至 Q[3]，而非单独输出 QA 至 QD。下面列出 Papilio 的.ucf 文件，其相对原理图版本的变化用粗体标出。

```
# User Constraint File for 4 digit counter on Papilio and
# LogicStart MegaWing

# Joystick select Push Switch is Clock
# LEDs 0 to 3 are outputs

NET "Clock" LOC = "P22" | PULLUP | CLOCK_DEDICATED_ROUTE
= TRUE;

NET "Q[0]" LOC = "P5";
NET "Q[1]" LOC = "P9";
NET "Q[2]" LOC = "P10";
NET "Q[3]" LOC = "P11";
```

这非常类似于基于原理图的计数器 ucf 文件，但本例使用方括号将 Q 总线的单独数位链接至 LED，表示该数位被链接至特定的 LED。不同于很多编程语言中的数组，方括号标识符允许访问总线的单个数位。

生成二进制文件，并在开发板上安装它。此后，你拥有了与原理图版本功能相同的计数器。

4.7　同步逻辑

前面计数器示例说明了在 Verilog 中定义某个硬件是多么简单。但是，如果你仔细查看会发现，大部分 Verilog 示例中缺少一个重要特征，即它们都未使用时钟同步。

该示例之所以能够运行，是因为它非常简单。只要项目变得比这个示例稍复杂一些，就会出现问题。信号会出现多次，并随着逻辑门传播；这意味着输出取决于来自系统其他很多部分的输入，甚至取决于输出自身，需要耗费时间才能得到其最终值。它将导致会被系统其他部分忽略的毛刺脉冲。这样的输出被认为是亚稳定(metastable)的。

这就是在你组建项目时，出现很多警告信息的原因，尤其是因为计数器的时钟输入对 ISE 来说是一个同步时钟输入，但我们仅将其作为连接至开关的普通输入。

要解决亚稳定输出问题，需要使用系统时钟(通常为数十兆赫兹)。每次时钟计时会激励所有信号。这意味着任何亚稳定输出在其取值被采样之前都有时间解决问题。你在计数器示例中使用<=运算符而非=运算符，确保在一个 always 块中所有使用<=的赋值都能在相同的时钟周期内同时完成。这样，可在下次时钟周期发生之前为系统所有输出提供解决问题的时间。

4.8　小结

你现在应该开始熟悉 ISE Design Suite 和 UCF。本章的 Verilog 示例都作为单个模块来实现。第 5 章将介绍更复杂的示例，多路复用 LED 显示设计将分为多个模块，然后组合起来组建项目。此设计也将我们目前所学的设计转为同步设计。

第 5 章

模块化 Verilog

设计一个复杂的 FPGA 系统时，将所有 Verilog 代码放入一个模块未尝不可。但分治更便于他人理解你所实现的实例。这是因为他们可推断子模块的角色，并在实际执行每个模块前看到一个更宏大的场景，即所有这些模块组合在一起的功能。将实例分为小模块，更便于将你在一个项目中使用的模块应用于其他项目，或将其共享给他人以便在他们的项目中使用。

创建包含多个模块的项目时，通常有一个顶层模块。顶层模块将所有子模块以及与 UCF 关联的模块放在一起。与 UCF 关联的模块用于映射设计中的 FPGA 信号 IO 管脚。

本章首先使用七段译码器模块和第 4 章介绍的计数器模块，并扩展该示例，直到最终实现一个简单的十进制计数器，能在按下 UP 和 DOWN 开关时，在七段多数位显示器上加减计数。

既可使用此处的指令组建项目，也可从 GitHub 下载完整项目，如第 2 章末尾处所述。

5.1 七段译码器

我们要组建的第一个可重用模块是一个七段译码器。它有 4 位输入。输入的数字(即数字 0 至 9)会被译码至正确的段位模式，并在七段显示器上显示。

图 5-1 显示了七段显示器的组织方式。每一段都给定 A~G 之间的一个字母，并连接至 DP (Decimal Point)。

创建一个新项目，命名为 decoder_7_seg。也可从本书的下载资料中找到该项目，名为 ch05_decoder_7_seg。

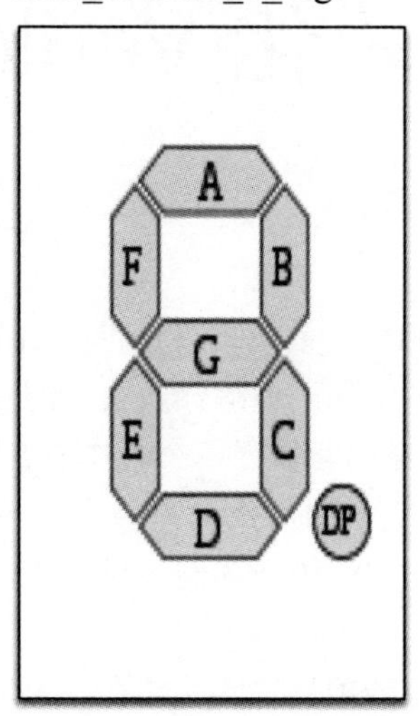

图 5-1　七段显示器

在 src 目录中创建一个新的 Verilog 源文件，命名为 decoder_7_seg。在该文件中，编写或复制如下代码：

```
module decoder_7_seg(
   input CLK,
   input [3:0] D,
   output reg [7:0] SEG
   );

always @(posedge CLK)
begin
  case(D)
    4'd0: SEG <= 8'b00000011;
    4'd1: SEG <= 8'b10011111;
```

```
    4'd2: SEG <= 8'b00100101;
    4'd3: SEG <= 8'b00001101;
    4'd4: SEG <= 8'b10011001;
    4'd5: SEG <= 8'b01001001;
    4'd6: SEG <= 8'b01000001;
    4'd7: SEG <= 8'b00011111;
    4'd8: SEG <= 8'b00000001;
    4'd9: SEG <= 8'b00001001;
    default: SEG <= 8'b11111111;
  endcase
end

endmodule
```

模块开头有一个 CLK(时钟)输入，因为我们想将模块与 FPGA 时钟同步。这里也有一个 4 位输入 D，包含被显示的数字，以及一个 8 位寄存器 output 作为数位模式显示在 LED 上。

always 块与 CLK 同步，包含一个新构造，称为 case 语句。case 语句是一种简洁方法，可编写具有相同取值条件的完整 if 语句块。此处的输入 D 是 case 语句的期望取值。如果 D 为 0，则输出段(SEG)设定为数位模式 00000011。0 表示段位被点亮。因此，参考图 5-1，这表明段 A、B、C、D、E 和 F 均应被点亮，而段 G(位于中间)和 DP 不被点亮。D 的每种取值都有单独的数位模式。

case 语句结尾的 default 选项定义了如果 D 的取值未被匹配上时 SEG 被设定的模式。因为 D 有 4 位取值，这意味着超过十进制数 9 的任意取值都会导致所有数段关闭。

该模块被设计为一个有用的部件，可在其他项目中使用。作为尝试，你可创建另一个使用该模块的模块，新模块也可实现其他功能，例如禁用除 1 之外的所有数位。因此创建一个新的源文件，命名为 seg_test，在其中编写如下代码：

```
module seg_test(
  input CLK,
  input [3:0] D,
```

```
    output [7:0] SEG,
    output [3:0]DIGIT
    );

assign DIGIT = 4'b1110;

decoder_7_seg decoder(.CLK (CLK), .SEG (SEG), .D (D));
endmodule
```

该模块的输入和输出是：

- CLK：时钟
- D：Data，4 位，每一位都配置一个滑动开关
- SEG：8 位，每一位对应一个数段
- DIGITS：4 位，控制待使能的数字

注意如何初始化 DIGITS，以便使用 0 的反相逻辑使能第一个数位。然后是一行非常有趣的代码：

```
decoder_7_seg decoder(.CLK (CLK), .SEG (SEG), .D (D));
```

这行代码创建一个名为 decoder 的 decoder_7_seg，“(” 和 “)” 之间的参数声明了 decoder 连接至 seg_test 引线和寄存器的方式。“.” 符号后的名称是译码器中的参数名，而括号 “()” 中的名称是参数应链接的 seg_test 中的 wires(引线)或 regs(寄存器)。

最后，需要为项目创建一个 UCF 文件。下面列出 Mojo 下的 UCF 文件，你可在本书的下载资料中找到其他开发板下相同的 UCF 文件。

```
# User Constraint File for 7-seg decoder implementation
# on Mojo with IO Shield

NET "CLK" LOC = P56;

# 7-segments
NET "SEG[7]" LOC = P5;
NET "SEG[6]" LOC = P8;
NET "SEG[5]" LOC = P144;
NET "SEG[4]" LOC = P143;
```

```
NET "SEG[3]" LOC = P2;
NET "SEG[2]" LOC = P6;
NET "SEG[1]" LOC = P1;
NET "SEG[0]" LOC = P141;


# Digits
NET "DIGIT[3]" LOC = P12;
NET "DIGIT[2]" LOC = P7;
NET "DIGIT[1]" LOC = P10;
NET "DIGIT[0]" LOC = P9;

# Inputs to slide switches 0 to 3
NET "D[0]" LOC = P120 | PULLDOWN;
NET "D[1]" LOC = P121 | PULLDOWN;
NET "D[2]" LOC = P118 | PULLDOWN;
NET "D[3]" LOC = P119 | PULLDOWN;
```

为测试该项目，将其上传到开发板，然后尝试移动滑动开关得到不同的取值。图 5-2 显示了该测试功能。

图 5-2 测试七段译码器模块

5.2 按钮去抖

尝试计数器项目时，你可能注意到某个开关抖动会导致计数器跳过一些数字。我们可创建一个去抖模块，该模块可用于使用开关的任意项目中。

推下开关时，实际需要解决三个问题。首先，按下按钮就其特性而言并不会与时钟同步。其次，我们实际上因为按钮弹跳的机械解除而移除了不必要的状态转移。最后，你实际上对按钮由 OFF 至 ON(反之亦然)的转移触发事件更感兴趣，而不是对其处于 ON 或 OFF 状态时某个特定时间的事件感兴趣。

可综合分析这三个特点，并使用一个非常有用的模块解决它们，该模块将一个潜在的抖动开关作为输入，提供了一个干净的、同步的按钮的二进制状态，以及一对有用的附加输出，在按钮状态转移时单个时钟周期电平上升。你可在 debounce 项目中找到开关去抖项目。因为这里对代码进行了讲解，你可能希望在 ISE 环境中将其公开。

可从 www.fpga4fun.com/Debouncer.html 和 www.eecs. umich.edu/courses/eecs270/270lab/270_docs/debounce.html 下载该代码。

首先将按钮开关与使用一对寄存器的时钟进行同步。此处列出 debouncer.v 文件和代码注释。可在下载文件 ch05_debouncer 中找到演示该模块用法的项目。

```
module debouncer(
    input CLK,
    input switch_input,
    output reg state,
    output trans_up,
    output trans_dn
    );

// Synchronize the switch input to the clock
reg sync_0, sync_1;
always @(posedge CLK)
begin
```

```
  sync_0 = switch_input;
end

always @(posedge CLK)
begin
  sync_1 = sync_0;
end
```

此后，在以下去抖代码中使用第二个寄存器(sync_1)的输出：

```
// Debounce the switch
reg [16:0] count;
wire idle = (state == sync_1);
wire finished = &count;  // true when all bits of count
are 1's
```

去抖自身通过使用一个计时器(本例中是一个 16 位计时器)来工作。它忽略任何开关状态的转移，直至计时器到达最大值。在 16 位计时器的情况下，有 65 536 个时钟周期，Mojo 的 50MHz 时钟下每个周期为 65 536/50 000 000=1.3ms。在 Elbert 2 的 12MHz 时钟下，每个周期为 5.4ms；在 Papilio 的 32MHz 时钟下，每个周期为 2ms。通常开关抖动会在一毫秒内被很好地解决，对用户来说，5.4ms 依然是一个非常短的时间，因此在本书中使用其他开发板的情况下，该段代码也不会被修改，尽管开发板的时钟周期并不一样。

确定计数器寄存器大小

大部分 FPGA 项目都需要一个或多个计数器；在传统编程语言中，整数变量具有固定大小(例如 32 位或 64 位)，但在 FPGA 中，每个向量可能有不同的大小。为确定使用多少位，你需要掌握一些数学知识。1 位计数器仅能保持最大取值范围为 0 至 1，而 2 位计数器的取值范围为 0 至 3，3 位计数器为 0 至 7。计数器的取值上限为 2 的 N 次幂减 1，N 为计数器的位数。表 5-1 可帮助你选择特定取值所需的位数。

表 5-1 确定计数器大小

位数	最大取值(十进制)
1	1
2	3
3	7
4	15
5	31
6	63
7	127
8	255
9	511
10	1023
11	2047
12	4095
13	8191
14	16 383
15	32 767
16	65 535
17	131 071
18	262 143
19	524 287
20	1 048 575

idle 引线的取值被设定为与 sync_1 对比状态的结果。如果相同，则开关不会发生状态转移，idle 取值为 1；否则，取值为 0。与诸如 Java 和 C 的编程语言一样，==运算符用于比较二者是否相同。

逻辑运算符&用于判断计数器是否达到最大值。当使用多位寄存器(如 count)时，结果是所有比特一起执行 AND 操作。该状态与 finished 引线关联。

```
always @(posedge CLK)
begin
  if (idle)
  begin
    count <= 0;
  end
  else
  begin
    count <= count + 1;
    if (finished)
    begin
      state <= ~state;
    end
  end
end
```

主 always 块同步至时钟的正边沿，如果未发生事件，复位计数为 0。如果发生状态转移，计数器加 1。当计数器结束时，切换 state 输出。在 Verilog 中，~符号表示取反。

接下来定义有用的附加输出 trans_dn 和 trans_up，它们分别在按下和释放按钮时，使一个时钟周期电平变高。这是对 idle 信号输出取反、计时器是否已经“结束”以及 state 输出一起进行 AND 操作实现的。对于 trans_dn，则是对 state 取反，然后一起进行 AND 操作。

```
assign trans_dn = ~idle & finished & ~state;
assign trans_up = ~idle & finished & state;

endmodule
```

去抖代码的测试程序解释了该模块可用于所有三个可能的输出。它使用两个按压按钮，每个切换单独的 LED 状态，一个是 trans_dn(按下按钮)，一个是 trans_up(释放按钮)。第三个 LED 只反映了第一个按钮的状态。

```
module debounce(
    input CLK,
```

```
    input switch_a,
    input switch_b,
    output reg led_a,
    output reg led_b,
    output reg led_c
    );
```

定义了三个引线，s_a_dn(按下开关 a)、s_b_up 和 s_a_state。这些引线此后链接至三个去抖器 d1 至 d3。查看三个去抖器的首行代码，可看到去抖器名为 d1，括号中是一些参数。每个参数都成对出现，相互之间用逗号隔开。第一个参数.clk(CLK)将去抖器的 CLK 信号(领先 CLK 一个时钟周期)链接至去抖器测试模块中使用的 CLK。

第二个参数.switch_input(switch_a)将去抖器的 switch_input 信号链接至 switch_a。最后一个参数.trans_dn(s_a_dn)将去抖器的输出 trans_dn 连接至引线 s_a_dn。对其他两个 debouncer 实例重复该过程。然而，这些实例使用去抖器的输出 trans_up 和 state，并将其分别链接至引线 s_b_up 和 s_a_state。

```
wire s_a_dn, s_b_up, s_a_state;
debouncer d1(.CLK (CLK), .switch_input (switch_a),
      .trans_dn (s_a_dn));
debouncer d2(.CLK (CLK), .switch_input (switch_b),
      .trans_up (s_b_up));
debouncer d3(.CLK (CLK), .switch_input (switch_a),
      .state (s_a_state));
```

always 块同步至时钟的正边沿，使用链接至三个去抖器输出的引线设定三个 LED。

```
always @(posedge CLK)
begin
  if (s_a_dn)
  begin
    led_a <= ~ led_a;
  end
  if (s_b_up)
  begin
```

```
      led_b <= ~ led_b;
    end
    led_c <= s_a_state;
  end

  endmodule
```

现在你已对开关输入计时，不必考虑该模块是如何工作的，仅在需要开关去抖的项目中使用即可。为说明这一点，下一节将去抖器和 decoder_7_seg 模块组合成第三个模块，该模块是一个四位计数器的显示器(在 Elbert 2 示例中为三位计数器)。

5.3 复用七段显示器和计数器

该示例(见图 5-3)显示了多数位的七段显示器。按下 Up 按钮会增加计数，按下 Down 按钮会将其复位为 0。可在项目 ch05_counter_7_seg 中找到该示例的文件。

图 5-3　一个复用的七段显示器

所有三个 FPGA 开发板都有复用的七段 LED 显示器。Mojo 开发板(带有 IO Shield)和 Papilio 开发板 (带有 LogicStart MegaWing)有四位显示器；而 Elbert 2 开发板则有三位显示器。在所有情况下，显示器引线方式大致相同。图 5-4 显示了 Mojo IO Shield 显示器的原理图；其他开发板类似，但使用不同的管脚。

每个特定数位的数段都连接至其他数位上相同的数段。换言之，所有的数段 A 都连接在一起，所有的数段 B 都连接在一起，依此类推。每个数段然后通过一个晶体管(如图 5-4 中的 R5 所示)连接，连接至一个通用输入输出(GPIO)管脚。

这意味着，如果你设定 GPIO 管脚 P8 为 HIGH，则所有的数段 B 将被使能。显然，你需要在每个数位上显示不同数字。为此，在移至下一个数位或设定不同的数段模式前，使用单独的数位控制管脚和对应数位的数段模式，依次使能每个数位。这发生得如此之快，你无法察觉——看起来只是每个数位显示不同的数段模式。

5.3.1 项目结构

在详细介绍前，有必要回顾一下该项目中使用的各个模块如何互相关联(图 5-5)。

模块 counter_7_seg 称为顶层模块(稍后将详细介绍)。开发板上的 UCF 会被关联至此模块。该模块实现了计数器逻辑：取值增加、重置复位以及使用其他模块运行显示。

counter_7_seg 模块有一个 display_7_seg 实例和两个 debouncer 实例。display_7_seg 模块负责复用显示器，将其刷新，使其能显示所有数字。模块 display_7_seg 自身包含我们之前创建的 decoder_7_seg 模块。它将使用 decoder_7_seg 依次设定每个数位的数段模式。

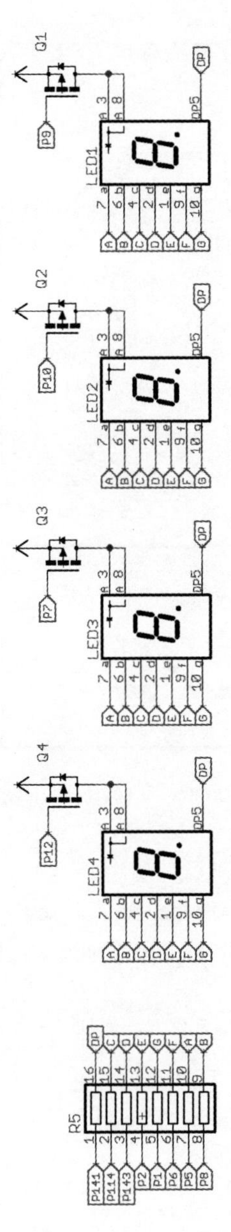

图 5-4　Mojo IO Shield 显示器原理图

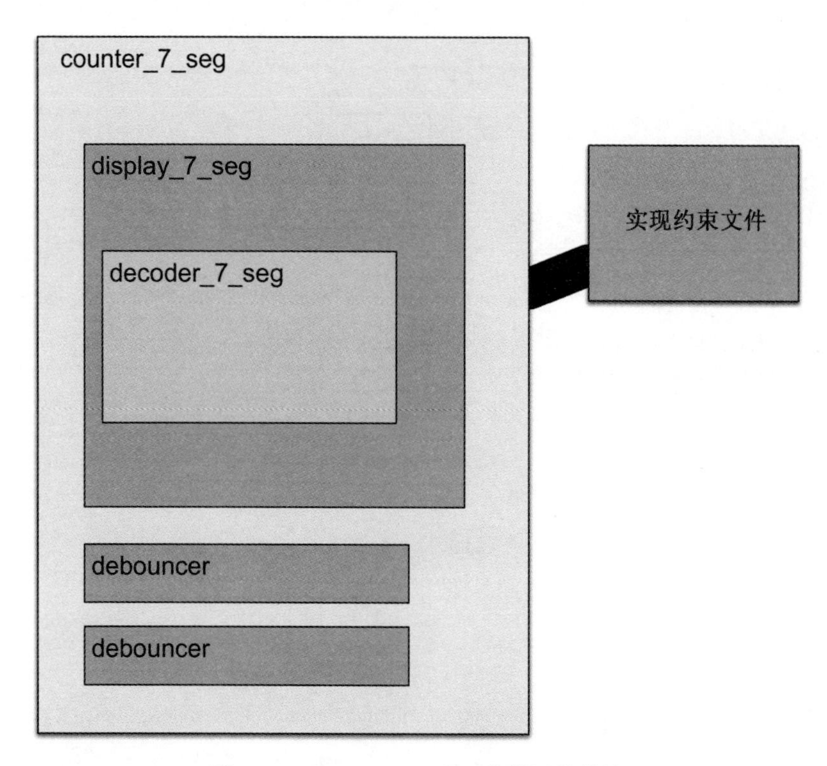

图5-5　counter_7_seg项目中使用的模块

5.3.2　display_7_seg

你已经学习了两个模块decoder_7_seg和debouncer(去抖器)，因此我们可以开始学习模块display_7_seg。此处列出display_7_seg.v文件及其代码解释：

```
module display_7_seg(
    input CLK,
    input [3:0] units, tens, hundreds, thousands,
    output [7:0] SEG,
    output reg [3:0] DIGIT
    );
```

除了一个 CLK 信号，该模块还有四个输入(Elbert 2 开发板中是三个输入)用于每个数位，即个位、十位、百位、千位。两个输入用于 GPIO 管脚，配置为控制数段和数位使能引线。

需要三个向量：

- digit_data 是一个 4 位寄存器，被赋值为一个 4 位数字，然后被译码为当前待处理的数位。
- digit_posn 是一个 2 位计数器，用于跟踪待显示的数位。
- prescaler 是一个 24 位计数器，用于将 CLK 输入分频，设定刷新速率。前置分频器(prescaler)并不需要 24 位那么多，但是这给了我们一个选用更快 FPGA 的机会。

```
reg [3:0] digit_data;
reg [1:0] digit_posn;
reg [23:0] prescaler;
```

接下来，display_7_seg 模块需要一个 decoder_7_seg 实例，从而将一个 4 位数字转换为一个 8 位数段模式。我们只需要其中一个实例，因为它会被依次用于每个数位。

译码器的输入 D 被连接至 digit_data，SEG 向量被重新传递给译码器：

```
    decoder_7_seg decoder(.CLK (CLK), .SEG (SEG), .D
(digit_data));
```

现在是 always 块，其与时钟同步。这对前置分频器计数器加 1。如果 prescaler 已达 50 000，则需要刷新下一数位。Mojo 开发板 50MHz 的时钟速率意味着每毫秒都会发生该事件。因此四位需要 4ms，刷新频率为 250Hz，这依然很快，人眼无法识别。如果真的需要，可改变取值，以匹配其他开发板的时钟频率，但即便是 Elbert 2 的 12MHz 的时钟，刷新频率也是快得难以察觉。

```
always @(posedge CLK)
begin
  prescaler <= prescaler + 24'd1;
```

```
if (prescaler == 24’d50000) // 1 kHz
begin
```

如果前置分频器已经达到其下次数位刷新的设定取值和时间，则需要一系列更新，以便转换到合适的数位数据。

首先将前置分频器重置为 0，对下一次数位刷新开始计时，此后 digit_posn 递增。如果 digit_posn 为 0，则 digit_data 设定为个位。数位控制管脚(DIGIT)之后被设定为仅使能第一个数位。此时，使用二进制模式 1110。因为数位控制管脚是“LOW 有效”，所以是 1110 而非 0001。0 意味着该数位被使能。

对其他数位重复相同的模式：

```
    prescaler <= 0;
    digit_posn <= digit_posn + 2'd1;
    if (digit_posn == 0)
    begin
      digit_data <= units;
      DIGIT <= 4'b1110;
    end
    if (digit_posn == 2'd1)
    begin
      digit_data <= tens;
      DIGIT <= 4'b1101;
    end
    if (digit_posn == 2'd2)
    begin
      digit_data <= hundreds;
      DIGIT <= 4'b1011;
    end
    if (digit_posn == 2'd3)
    begin
      digit_data <= thousands;
      DIGIT <= 4’b0111;
    end
  end
end
endmodule
```

2 位 digit_posn 计数器会自动由 3 至 0 环回处理，因此不需要单独复位。Elbert 2 只有三个数位，所以 digit_posn 计数器在第三个数位被显示后，复位为 0。

5.3.3　counter_7_seg

counter_7_seg 模块是顶层模块，将所有模块整合集成。该模块的参数均连接至 GPIO 管脚，并映射至 UCF 文件中定义的网表。此处列出 counter_7_seg.v 文件及其代码解释：

```
module counter_7_seg(
   input CLK,
   input switch_up,
   input switch_clear,
   output [7:0] SEG,
   output [3:0] DIGIT
   );
```

该项目需要两个按压开关，一个增量计数，一个将显示器清除为 0000。这些开关被链接至引线，并使用去抖模块进行去抖。

```
wire s_up, s_clear;
debouncer d1(.CLK (CLK), .switch_input
(switch_up), .trans_dn (s_up));
debouncer d2(.CLK (CLK), .switch_input (switch_clear),
      .trans_dn (s_clear));
```

需要四个 4 位寄存器，每个寄存器对应四个数位中的一个。

```
reg [3:0] units, tens, hundreds, thousands;
```

display_7_seg实例被引接至CLK和四位寄存器，还引接至SEG和DIGIT；SEG和DIGIT连接至控制数段和数位选择的FPGA GPIO管脚：

```
display_7_seg display(.CLK (CLK),
         .units (units), .tens (tens),
         .hundreds (hundreds), .thousands (thousands),
         .SEG (SEG), .DIGIT (DIGIT));
```

大部分事件发生在 always 块中。它检查是否按压了去抖开关 s_up。如果按压，则个位加一。之后是一个更深层次的 if 语句序列，确定数位是否溢出，如果溢出，则对下一个数位进一，然后将当前数位复位为 0：

```
always @(posedge CLK)
begin
  if (s_up)
  begin
    units <= units + 1;
    if (units == 9)
    begin
      units <= 0;
      tens <= tens + 1;
      if (tens == 9)
      begin
        tens <= 0;
        hundreds <= hundreds + 1;
        if (hundreds == 9)
        begin
          hundreds <= 0;
          thousands <= thousands + 1;
        end
      end
    end
  end
```

如果按下 Clear 开关，则所有四个数位都被清 0：

```
 if (s_clear)
  begin
    units <= 0;
    tens <= 0;
    hundreds <= 0;
    thousands <= 0;
  end
end

endmodule
```

声明位数及基数

如果你目光敏锐，会注意到我在赋值 0 或 1 时，数字格式有些不连贯。有人会说你应该声明位数和基数。实际上，这是个好习惯，但对于上述这类简短实例，也无关紧要。ISE 会自动调整常数的位数，以匹配被赋值的向量，而数字 1 和 0 在任意基数中都是相同的。

对于非 0 或 1 的数字，通过选择位数和基数来避免任何可能的混淆，是一个好办法。然而，选择十进制基数并非有错——要选择保证代码最易于理解的基数。

5.3.4　用户约束文件

你也需要一个 UCF 文件。下面列出 Mojo 开发板下的 UCF。也可在本书的下载文件中找到适用于其他开发板的 UCF 文件。

```
# User Constraint File for 7-seg counter on Mojo with IO
# Shield

NET "CLK" LOC = P56;

# Switches
NET "switch_up" LOC = "P137" | PULLDOWN;
NET "switch_clear" LOC = "P139" | PULLDOWN;

# 7-segments
NET "SEG[7]" LOC = P5;
NET "SEG[6]" LOC = P8;
NET "SEG[5]" LOC = P144;
NET "SEG[4]" LOC = P143;
NET "SEG[3]" LOC = P2;
NET "SEG[2]" LOC = P6;
NET "SEG[1]" LOC = P1;
NET "SEG[0]" LOC = P141;

# Digits
NET "DIGIT[3]" LOC = P12;
```

```
NET "DIGIT[2]" LOC = P7;
NET "DIGIT[1]" LOC = P10;
NET "DIGIT[0]" LOC = P9;
```

5.3.5 导入模块源代码

有几种获取所创建项目中的模块源代码的方法。ISE 偶尔分不清哪些文件从属于它，我找到将一个模块复制到另一个项目中的问题最少的步骤，以该示例中的去抖器或 decoder_7_seg 为例：

(1) 创建一个新项目。

(2) 打开操作系统文件资源管理器，在项目目录中创建一个 src 目录。

(3) 在该 src 目录中复制添加任意该项目所需的模块(debouncer.v 和 decoder_7_seg.v)。

(4) 在 ISE 中，使用 Add Source...选项，并导航至刚才添加到 src 目录的.v 文件。

5.3.6 设置顶层模块

ISE 中的 Design 选项卡显示项目中所使用的模块之间的关系(如图 5-6 所示)。

你可在层级结构中看到所有文件都是正确的，counter_7_seg 模块包含两个去抖器模块，display_7_seg 模块包含一个 decoder_7_seg 模块。如果仔细看，可发现 counter_7_seg 模块图标紧挨着三个品字排列的小方块。这说明 counter_7_seg 模块是项目的顶层模块。

ISE通常能够辨识顶层模块，但有时却不能，此时你可通过右击，并选择选项Set As Top Module，将特定模块指定为顶层模块。

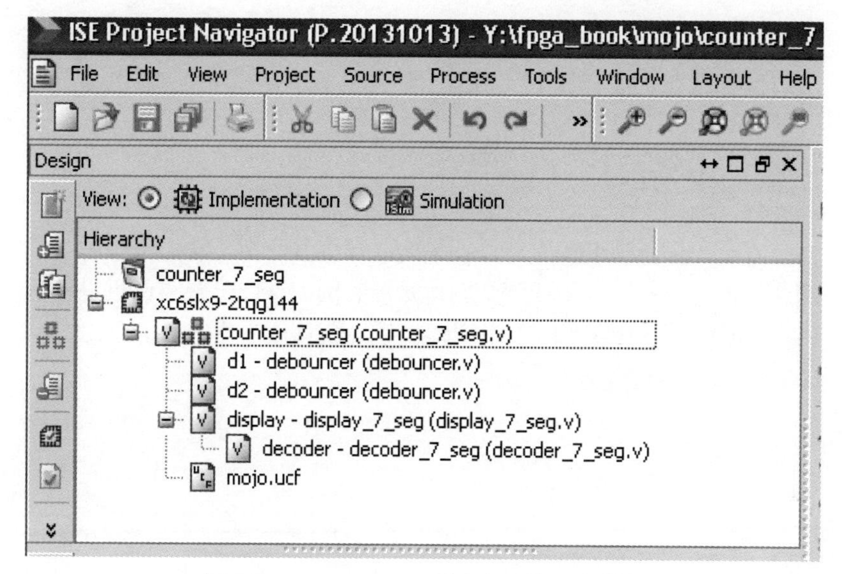

图 5-6　counter_7_seg 项目中所使用的模块

5.3.7　3 数位版本

不同于 Mojo 有四个数位，Elbert 2 只有三个数位，因此大部分情况下，Elbert 版本的差异仅在于将数位从四减至三。使用三个数位的一个后果是，在 display_7_seg 中，digit_posn 计数器达到百位时，需要手动复位为 0。

```
if (digit_posn == 2'd2)
begin
  digit_data <= hundreds;
  DIGIT <= 4'b1011;
  digit_posn <= 0;
end
```

5.3.8　测试

组建项目，将其上传至开发板。你会发现每次按下 Up 时，显示器数字会进 1，按下 Clear 按钮时，显示器数字复位为 0。耐心地测试所有四个数位，甚至测试 Elbert 2 开发板下的所有三个数位。

5.4 小结

本章开头介绍 FPGA 的潜在能力。在第 6 章中，我们将重用本章描述的模块，并继续生成一个倒计时器实例。该计时器实例也引入了 FPGA 系统设计中的一个关键概念，即状态机。

第 6 章

计时器示例

在本章中，你将组建一个基于通用 display_7_seg、decoder_7_seg 和去抖器模块的倒计时器，其功能像一个真正的倒计时器。即便表面看来十分简单的计时器，设计起来也不容易。为简化设计，通常使用名为"状态机"的表示形式。该技术非 FPGA 专有，它是对系统行为进行框图建模的一种好方法。本章先行一步，借用第 8 章声音生成模块来驱动一个蜂鸣器，一旦倒计时结束，蜂鸣器将发出响声。

可在本书下载文件中找到该项目的所有代码。你会发现在 ISE 中上传项目非常有用，你可查看代码，如果愿意，可修改代码并进行实验。项目名为 ch06_countdown_timer。

6.1 状态机

"状态机"概念源自数学，因此，像数学中的很多事情一样，看起来巧妙，但归根结底非常简单。你也会发现状态机，并绘制称为有限状态机(Finite State Machine，FSM)和状态转移图(State Transition Diagram，STD)的图形。

状态机的基本概念是：系统会一直保持一个稳定状态，直至某个触发事件导致它转移至另一个状态。这样的状态转移可能引起转移过程中一些行为的发生。状态在图中被绘制为小方框或气泡，转移用带箭头的线表示，从一个方框至另一个方框，或返回方框自身。状态转移线上有两个标签，上面的标签是转移的条件(例如，将按下一个按钮)，中间是一条水平线，线下面是转移期间需要发生的事件行为(例如将 LED 点亮)。

当然也有其他方式绘制状态机，但这种方式是最常见的。图 6-1 显示了虚拟咖啡机的状态机。假定咖啡机有两种加热模式：煮沸模式和保温模式。保温模式保持加热板和咖啡温度。

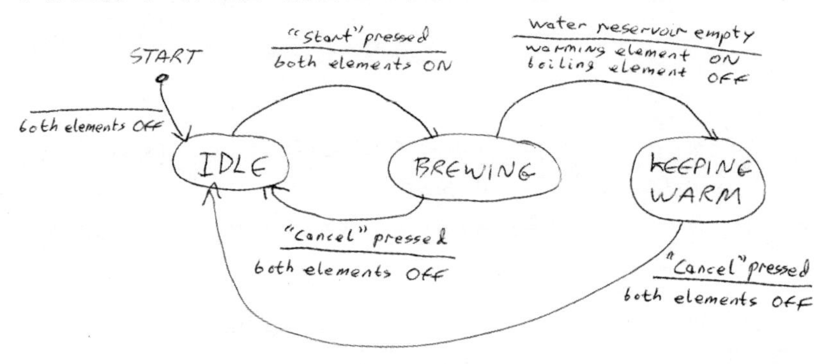

图 6-1　咖啡机状态机

圆点和第一条转移线表明打开咖啡机是状态机的第一个状态，此时处于 IDLE(空闲)状态。咖啡机将保持该状态，直至按下 START(开始)按钮，此时煮沸和保温模式开启，状态机将处于 BREWING(煮制中)状态，直至水壶为空，此时会停止加热，状态机保持在 KEEPING WARM(保温)状态。不管处于哪个状态，用户都可按下 Cancel(取消)按钮停止加热，状态机将返回 IDLE(空闲)状态。

本示例非常直观，通过跟踪图中状态，你可了解系统在实际中是如何运行的。也可考虑其他场景的状态转移——例如在按下 Start(开始)之前水壶是空的，则为 ERROR(错误)状态。此时的转移条件可能是 Start pressed AND water reservoir empty(开始且水壶为空)。

绘制状态机

我发现在传统的“信封背面”或白板上绘制状态机比使用软件绘制更简单，即便未来你想回顾该设计，也可对状态机进行扫描或拍照，并将其保存在项目文件夹下作为今后的参考。

6.2　状态机设计

为保证本示例在所有三个开发板上通用，将使用三数位七段显示器(Elbert 2 仅有三个数位)。两个数位显示秒，一个显示分钟。Up/Down 按压按钮设定分钟，Start/Stop 按钮开始倒计时，Cancel 按钮将计数器复位为上次使用的时间。蜂鸣器会被引接至开发板，在倒计时接近零时发出声音。该项目的状态机如图 6-2 所示。

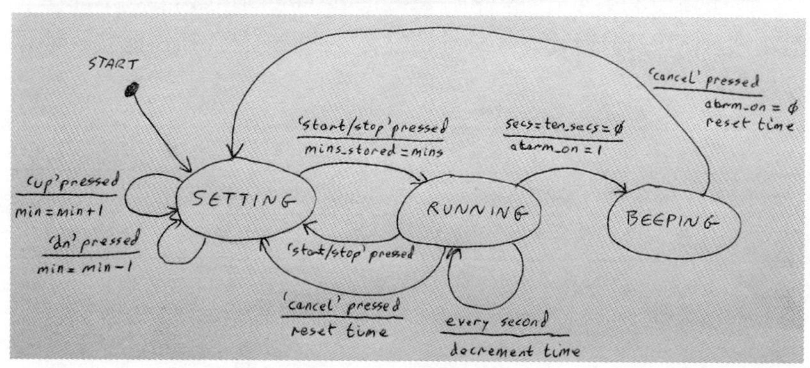

图 6-2　计时器状态机

初始状态是 SETTING，在该状态下，Up 和 Down 按钮会对分钟位显示的数字加或减 1。一旦按下 Start/Stop 按钮，项目移至 RUNNING 状态。按下 Start/Stop 按钮会立刻返回 SETTING 状态，就像按下 Cancel 按钮一样。然而，按下 Cancel 按钮会对时间复位。而在 SETTING 状态，每过一秒钟，显示的时间都会减少一秒，直至倒计时至 000，此时进入 BEEPING 状态。

BEEPING 状态启动蜂鸣器，直到按下 Cancel 按钮，此时系统返回 SETTING 状态，计时器被复位，等待下次使用。

6.3 硬件

该项目需要在 GPIO 和 GND 之间连接一个额外的压电式蜂鸣器。在 Elbert 2 和 Mojo 开发板下，使用公母跳线引接。然而，配置有 LogicStart MegaWing 的 Papilio 开发板不能访问 GPIO 管脚，因此对于此开发板，使用耳机插孔生成单音，需要在耳机插孔中外接扬声器来听取声音。

6.3.1 你之所需

除了需要 FPGA 开发板和任意 Shield/Wing，你也需要如下部件来组建该示例项目。然而，如果准备放弃使用蜂鸣器，所需的就只是开发板和防护板了。

部件	源
被动式压电发音器	Adafruit，产品 ID 160
2x 公母跳线导线	Adafruit，产品 ID 1953

6.3.2 构建

发音器导线有点小，不能被跳线紧固连接，而用钳子在两端紧固将确保其匹配。图 6-3 显示了附接至 Mojo IO Shield 的蜂鸣器，图 6-4 显示了附接至 Elbert 2 的蜂鸣器。

使用 Mojo 开发板，蜂鸣器的两根导线应连接至 GND 和 P97，位于底部的 GPIO 连接器上。发音器连接方式无关紧要。为保证项目可便携，可添加 USB 备用电池，如图 6-3 所示。将蜂鸣器连接至 Elbert 2 时，一根蜂鸣器导线连接至 P1 头的 GND，另一根连接至 P1 头的管脚 1(GPIO 管脚 P31)。

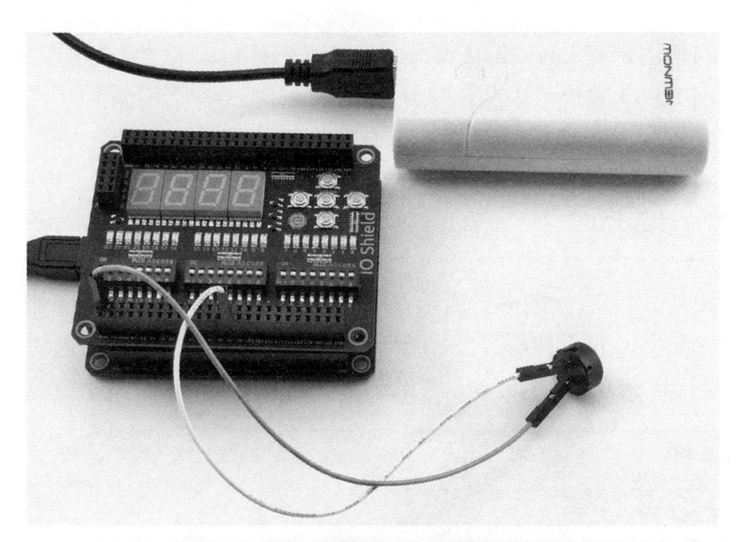

图 6-3　将蜂鸣器附接至 Mojo IO Shield

图 6-4　将蜂鸣器附接至 Elbert 2

当使用带有 LogicStart MegaWing 的 Papilio One 开发板时，你不能访问 GPIO 输出，因此在该开发板上，蜂鸣器单音有音频耳机插孔输出。如果将上电的扬声器插入开发板，你将听到声音。

6.4 模块

模块结构图(如图 6-5 所示)非常类似于第 5 章中的 counter_7_seg 项目。然而，对于按压开关，本项目不需要更多去抖器，它也使用一个名为 alarm 的模块，该模块将在第 8 章全面介绍。

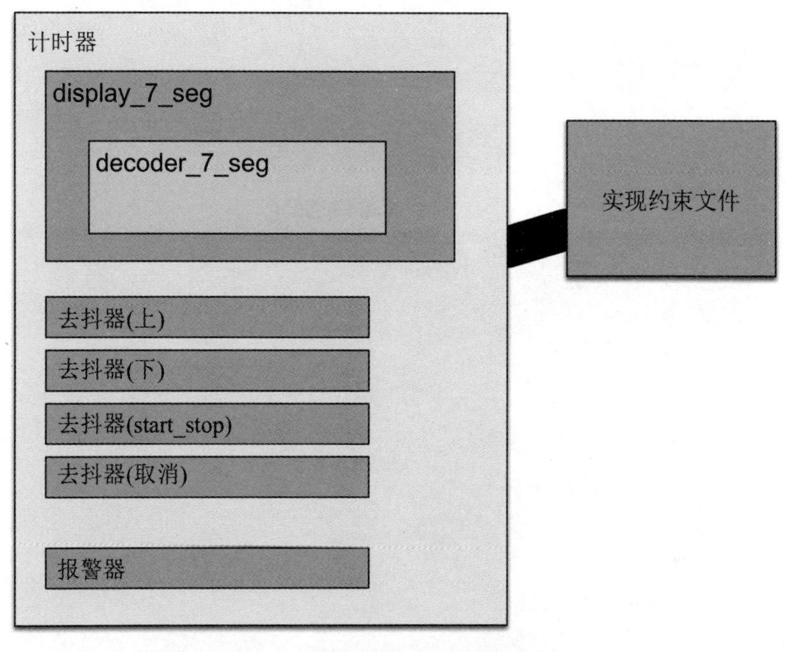

图 6-5 计时器项目的模块结构图

6.5 用户约束文件

下面列出 Mojo 和 IO Shield 的用户约束文件(UCF)。你也会找到 Elbert 2 和 Papilio One 开发板下这些平台的 UCF。主要区别在于管脚分配和开关输入的按压方式不同。

```
# User Constraint File for 7-seg counter on Mojo with IO
# Shield

NET "CLK" LOC = P56;

# Switches
NET "switch_up" LOC = "P137" | PULLDOWN;
NET "switch_dn" LOC = "P139" | PULLDOWN;
NET "switch_cancel" LOC = "P138" | PULLDOWN;
NET "switch_start_stop" LOC = "P140" | PULLDOWN;

# 7-segments
NET "SEG[7]" LOC = P5;
NET "SEG[6]" LOC = P8;
NET "SEG[5]" LOC = P144;
NET "SEG[4]" LOC = P143;
NET "SEG[3]" LOC = P2;
NET "SEG[2]" LOC = P6;
NET "SEG[1]" LOC = P1;
NET "SEG[0]" LOC = P141;

# Digits
NET "DIGIT[3]" LOC = P12;
NET "DIGIT[2]" LOC = P7;
NET "DIGIT[1]" LOC = P10;
NET "DIGIT[0]" LOC = P9;

# Output
NET "BUZZER" LOC = P97; # also LED1
```

即使该项目只使用三个数位，UCF 文件中还是定义了四个数位，未使用的数位被空置。

定义了新的 BUZZER 网表，为附接至 GPIO 管脚 P97 的压电式蜂鸣器生成单音。在 Mojo IO Shield 上，该管脚也连接至 LED1。

6.6 计时器模块

顶层计时器模块将第 5 章中介绍的所有模块(去抖器、display_7_seg 等)以及将在第 8 章介绍的报警器模块集成在一起。

6.6.1 输入和输出

计时器模块的声明链接 UCF 中网表的输入和输出：

```
module timer(
   input CLK,
   input switch_up,
   input switch_dn,
   input switch_cancel,
   input switch_start_stop,
   output [7:0] SEG,
   output [3:0] DIGIT,
   output BUZZER
   );
```

6.6.2 按压按钮

按压按钮开关与第 5 章 counter_7_seg 示例中的定义方式大致相同。首先，每个按钮都定义了引线，然后，对每个引线都分配了去抖器，引线附接至去抖器的 trans_dn(向下转移)输出：

```
wire s_up, s_dn, s_cancel, s_start_stop;
debouncer d1(.CLK (CLK), .switch_input
(switch_up), .trans_dn (s_up));
debouncer d2(.CLK (CLK), .switch_input
(switch_dn), .trans_dn (s_dn));
```

```
debouncer d3(.CLK (CLK), .switch_input (switch_cancel),
       .trans_dn (s_cancel));
debouncer d4(.CLK (CLK), .switch_input (switch_start_stop),
       .trans_dn (s_start_stop));
```

6.6.3 报警器实例

模块化设计的一个亮点在于，你可使用一个模块而不必知晓它是如何工作的。你只需要了解如何使用它。因此，目前，我们只使用了报警器模块，直到第 8 章你才会重新学习它。

使用一个寄存器(alarm_on)打开或关闭蜂鸣器开关。寄存器被链接至报警器实例的 enable 输入。该示例也链接了 CLK 输入和 GPIO 管脚，用于打开蜂鸣器：

```
reg alarm_on = 0;
alarm a(.CLK (CLK), .BUZZER (BUZZER), .enable (alarm_on));
```

6.6.4 建模时间和显示

为跟踪时间，使用单独的 4 位寄存器分别定义秒(secs)、十秒(ten_secs)和分钟(mins)。额外的寄存器(mins_stored)用于记录在计时器开始之前初始设定的分钟数，以便在计时器返回 SETTING 状态时，能记忆上次所用的时间。

在 Mojo 和 Papilio 开发板下，显示器未使用的数位需要被空置。通过将该数位的取值设定为 10 可实现空置。display_7_seg 和 decoder_7_seg 不显示超过 9 的数字，因此这将保持该数位一直被空置。

26 位寄存器 prescaler 用于 CLK 计数，在需要时，每个 FPGA 时钟周期计数一次，直至到达特定的取值(参见稍后的 6.6.6 节“任务”)。

```
reg [3:0] secs = 0;
reg [3:0] ten_secs = 0;
reg [3:0] mins = 1;
reg [3:0] mins_stored;
```

```
reg [3:0] unused_digit = 4'd10; // digits above 9 not
                                // displayed
reg [25:0] prescaler = 0;
```

display_7_seg 模块被链接至之前所述的合适数位的寄存器。一旦以这种方式链接，我们只需要改变寄存器取值 secs、ten_secs 和 mins，显示器会自动刷新：

```
display_7_seg display(.CLK (CLK),
      .units (secs), .tens (ten_secs), .hundreds (mins),
      .thousands (unused_digit),
      .SEG (SEG), .DIGIT (DIGIT));
```

6.6.5 状态机实现

状态机的 Verilog 代码严格遵循如图 6-2 所示的状态机框图。使用一个 2 位寄存器(state)跟踪当前状态。因此你不必使用数字表示状态，localparam 命令允许你像传统编程语言中的常量一样定义三个取值，命名为 SETTING、RUNNING 和 BEEPING，对应于项目的三个状态：

```
// States
localparam SETTING = 0, RUNNING = 1, BEEPING = 2;
reg [1:0] state = SETTING;
```

使用 Verilog 编写一个友好、干净的状态机实例的关键在于，通过使用 tasks 将状态转移中发生的事件移出 always 块来保证 always 块尽可能简短；否则 always 块将是庞大的。

case 语句用于将每个状态的代码隔离。如果你有很多条件取决于相同的取值(如本例中的 state)，可用 case 语句替代大量的 if 命令。查看 case 语句的第一段，我们有：

```
always @(posedge CLK)
begin
  case (state)
    SETTING : begin
      handle_settings();
```

```
    if (s_start_stop)
    begin
      mins_stored <= mins;
      state <= RUNNING;
    end
  end
```

它执行稍后介绍的 handle_settings 任务中包含的某个逻辑；然后处理当 Start/Stop 按钮被按下时唯一可能发生的 SETTING 状态向 RUNNING 状态的转移。

第一个动作是在设定 state 新值前将 mins 保存到 mins_stored。RUNNING 状态的代码更复杂，因为它需要处理三个状态转移。首先调用任务 decrement_time 倒计时 1 秒，然后处理其他状态转移。如果按下 Start/Stop 按钮，会直接返回 SETTING 状态。如果按下 Cancel 按钮，同样如此，但会首先调用 reset_time 任务。

最后，如果 secs、ten_secs 和 mins 均为零，则倒计时完成，使能报警器模块，开启蜂鸣器发音，状态设定为 BEEPING：

```
RUNNING : begin
  decrement_time();
  if (s_start_stop)
  begin
     state <= SETTING;
  end
  if (s_cancel)
  begin
    reset_time();
    state <= SETTING;
  end
  if ((secs == 0) & (ten_secs == 0) & (mins == 0))
  begin
    alarm_on <= 1;
    state <= BEEPING;
  end
end
```

BEEPING 状态只需要处理按下 Cancel 按钮时的状态转移：

```
    BEEPING : begin
      if (s_cancel)
      begin
        alarm_on <= 0;
        state <= SETTING;
        reset_time();
      end
    end
  endcase
end
```

6.6.6 任务

timer.v 中的代码提示实现了 always 块中使用的任务。在 Verilog 中，你使用一项任务或其对应的函数，与在编程语言中使用函数的原因基本相同。它们允许你结构化代码，通过将不同函数分离为更多可管理的分支结构，使其更易读。函数与任务类似，只是函数会返回一个值(例如拥有一个输出)。

你也可能注意到，always 块中多次调用了 reset_time 任务。通过将任务从 always 块中分离，不仅使代码更易于理解，也消除了多处使用相同代码的潜在危险，这可能导致代码在一个地方得到改进，而在其他地方却未改进。这是软件程序员熟悉的一个概念："不要重复你自己(DRY)"。

任务以关键字 task 开头，接着是任务名。第一个任务是 handle_settings：

```
task handle_settings;
begin
  if (s_up)
  begin
    mins <= mins + 1;
    if (mins == 9)
    begin
```

```
        mins <= 1;
      end
    end
    if (s_dn)
    begin
    mins <= mins - 1;
      if (mins == 1)
      begin
        mins <= 9;
      end
    end
  end
  endtask
```

该任务处理待按压的 Up 和 Down 按钮，以对 mins 寄存器进数或退数。对于 mins，如果你对 9 进 1 或对 1 退 1，它也处理数字的环回。

下述 decrement_time 任务负责在每秒钟将时间减 1。它使用 prescaler 寄存器在每个第 5000 万次 CLK 时产生行为。取值 49 999 999 会匹配你的 FPGA 频率(-1)，否则计时器会太快或太慢，尽管你不可能注意到 1/50 000 000 秒的发生。

过了 5000 万-1 次时钟周期后，prescaler 必须重置为 0。寄存器 secs 会递减，而级联的 if 语句集合确保前一个数位为 0 时其他数位会递减：

```
task decrement_time;
begin
  prescaler <= prescaler + 1;
  if (prescaler == 26'd49999999) // 50 MHz to 1Hz
  begin
    prescaler <= 0;
    secs <= secs - 1;
    if (secs < 1)
    begin
      secs <= 9;
      ten_secs <= ten_secs - 1;
      if (ten_secs < 1)
      begin
        ten_secs <= 5;
```

```
        mins <= mins - 1;
      end
    end
  end
end
endtask
```

最后一个任务(reset_time)最简单：它只将 secs 和 ten_secs 寄存器重置为 0，且将 mins 寄存器设定为计时器开始时 mins_stored 中记录的上次 mins 的取值：

```
task reset_time;
begin
  secs <= 0;
  ten_secs <= 0;
  mins <= mins_stored;
end
endtask

endmodule
```

6.7 测试

组建项目，将其部署在开发板上。你会发现在 Elbert 2 开发板上 Up 和 Down 按钮(SW1 和 SW6)递增和递减显示分钟数。按下中间按钮(Elbert 上的 SW3)，启动计时器。当计时器到达 0 时，蜂鸣器会发出响声，直至你按下 Cancel 按钮(Mojo 上的右侧按钮，Elbert 2 上的 SW4)。

6.8 小结

对任何使用较复杂状态机的项目来说，该项目都是一个极佳示例。关键思想是将模块分解为任务。在第 7 章中，你将学习如何使用脉冲宽度调制(PWM)生成控制功率脉冲，以及如何控制伺服电机的脉冲。

第 7 章

PWM 和伺服电机

FPGA的并行特性使其非常适合生成脉冲。无论使用PWM(Pulse-Width Modulation，脉冲宽度调制)进行功率控制，还是生成伺服电机所需的精确定时脉冲，都是如此。如果真的需要，可同时在FPGA的每个GPIO管脚都生成脉冲。

7.1 脉冲宽度调制

图 7-1 显示了 PWM 是如何工作的。如果脉冲为短(例如高位仅占5%的时间)，则每个脉冲仅传递少量能量。脉冲越长，传递给负载的能量越多。当伺服通电时，这将控制电机转速。使用 PWM 驱动 LED，亮度会发生变化。实际上，LED 每秒可点亮和熄灭上百万次，因此 PWM 脉冲会变为光脉冲。眼睛和大脑欺骗了我们，让我们觉得 LED 的亮度随脉冲宽度而变化。

PWM 输出为高位所占的时间比称为占空比或占空。实际中并不使用百分比，更通用的做法是将占空比表示为一个数值，最小为 0，最大为 2 的幂减 1。一个十分常见的范围是 0 至 255，其中 0 表示完全占空，255 表示完全占满。

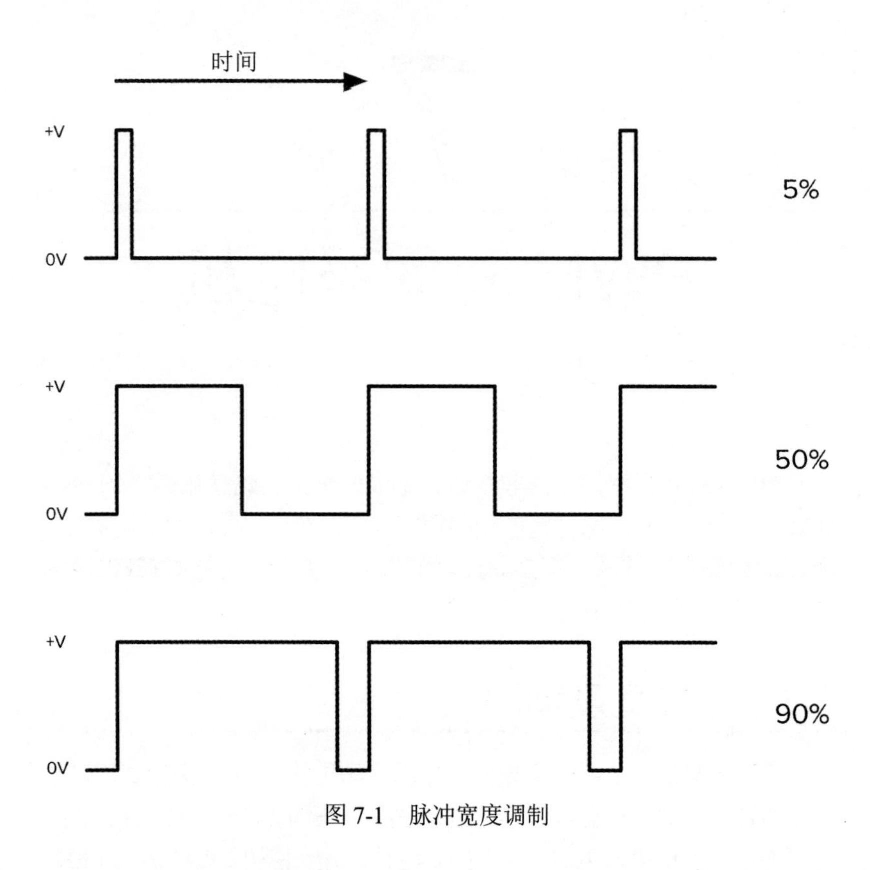

图 7-1 脉冲宽度调制

7.2 PWM 模块

实现一个 PWM 模块非常简单。使用一个计数器并将占空值与计数器比较。如果计数器低于占空值，则输出高位，只要不高于占空值，则输出设定为低位。

可在本书的下载资料中找到该模块以及测试模块的代码。该项目名为 ch07_pwm。

7.2.1　PWM 模块输入和输出

PWM 模块称为 pwm，它有两个输入，pwm_clk 和 duty。它有一个输出，即 PWM_PIN，连接至希望输出 PWM 的 GPIO 管脚：

```
module pwm(
    input pwm_clk,
    input [7:0] duty,
    output reg PWM_PIN
    );
```

pwm_clk 输入与 FPGA 系统时钟不同。通常，PWM 频率远小于本书示例开发板的 12~50MHz 时钟频率。常见的 PWM 频率范围为 500Hz 至几 kHz。该 PWM 使用一个 8 位计数器，因此 pwm_clk 频率应为 256 乘以期望的 PWM 频率。你在测试模块时会发现，可使用前置分频器生成更低的频率用于 PWM 模块。

PWM 模块代码提示如下：

```
reg [7:0] count = 0;

always @(posedge pwm_clk)
begin
  count <= count + 1;
  PWM_PIN <= (count < duty);
end

endmodule
```

8 位计数器 count 随着 pwm_clk 信号的正边沿递增。输出 PWM_PIN 之后被设置为(count<duty)的结果。换言之，如果 count 小于 duty，PWM_PIN 为 1；否则为 0。

7.2.2　PWM 测试模块

在该示例中，PWM 的测试模块比 pwm 模块自身更复杂。当按下

Up 和 Down 按钮(在 Elbert 2 上为 SW1 和 SW6)时，它会改变 LED(在 Elbert 2 上为 D1，在 Mojo IO Shield 上为 LED0，在带有 LogicStart MegaWing 的 Papilio 上为 LED0)的亮度。

Mojo 开发板上的 UCF 如下所示：

```
# User Constraint File for PWM on Mojo with IO Shield

NET "CLK" LOC = P56;

# Switches
NET "switch_up" LOC = "P137" | PULLDOWN;
NET "switch_dn" LOC = "P139" | PULLDOWN;

# Output
NET "PWM_PIN" LOC = P97; # LED1
```

测试模块具有系统时钟(CLK)和两个改变 LED 亮度强弱的开关管脚输入。将链接输出至亮度会改变的 LED。pwm_tester.v 文件包含测试模块的代码：

```
module pwm_tester(
    input CLK,
    input switch_up,
    input switch_dn,
    output PWM_PIN
    );
```

引线和去抖器模块的定义方式与之前类似：

```
wire s_up, s_dn;
debouncer d1(.CLK (CLK), .switch_input
(switch_up), .trans_up (s_up));
debouncer d2(.CLK (CLK), .switch_input
(switch_dn), .trans_up (s_dn));
```

寄存器 duty 用于保持占空比的取值(0 至 255)，可通过 Up 和 Down 按压开关设定。

寄存器 prescaler 是一个 7 位计数器，用于对系统时钟频率(Mojo 上为 50MHz，Elbert 2 上为 12MHz，Papilio 上为 32MHz)按照 128 倍分频。在 PWM 中 8 位计数器进一步 256 倍分频，最后的 PWM 频率为：

- Elbert 2：12MHz/128/256=366Hz。
- Papilio One：32MHz/128/256=975Hz。
- Mojo：50MHz/128/256=1.53kHz。

pwm 模块实例使用前置分频器第 6 位的输出，将 pwm_clk 输入提供给 PWM 模块：

```
reg [7:0] duty = 0;
reg [6:0] prescaler = 0; // CLK freq / 128 / 256 = 1.5kHz
pwm p(.pwm_clk (prescaler[6]), .duty (duty), .PWM_PIN
(PWM_PIN));
```

测试模块的 always 块对前置分频器进行递增，然后检查任何开关按压动作。Up 和 Down 开关按压将占空值增加或减小 5：

```
always @(posedge CLK)
begin
  prescaler <= prescaler + 1;
  if (s_up)
  begin
    duty <= duty + 5;
  end
  if (s_dn)
  begin
    duty <= duty - 5;
  end
end

endmodule
```

为保证 Verilog 代码简单，没有对 duty 是否超过 255 进行测试。如果超过 255，则仅进行环回，因为占空比仅使用了 8 位，允许的最大取值为 255。

7.2.3　试一试

为项目生成位流文件，将其上传到开发板上。你会看到 Up 和 Down 按钮如何增加和减小 LED 的亮度。若要了解 PWM 的工作原理，试着将所有事件放缓 1000 倍。为此，修改 pwm_tester.v 的第 13 行和 14 行，给前置分频器计数器另外添加 10 段。此处用粗体标记修改内容：

```
reg [16:0] prescaler = 0;

pwm p(.pwm_clk (prescaler[16]), .duty (duty), .PWM_PIN
(PWM_PIN));
```

7.3　伺服电机

伺服电机(如图 7-2 所示)是电机、齿轮箱和传感器的组合，通常用于远程控制汽车方向盘，或远程控制飞机和直升机的地面角度。

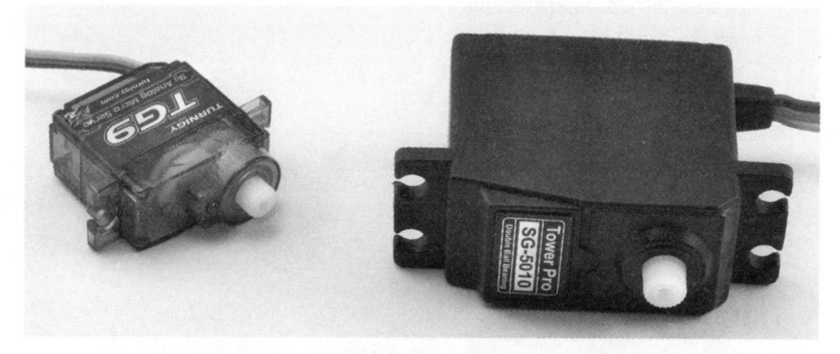

图 7-2　小型 9-g 伺服电机(左)和标准 RC 伺服电机(右)

除非是专用电机，否则电机不会持续旋转。它们通常只旋转 180 度，但通过发送脉冲流，可在任意位置精确地设定它们。图 7-3 显示一个伺服电机，并显示脉冲长度如何决定电机位置。

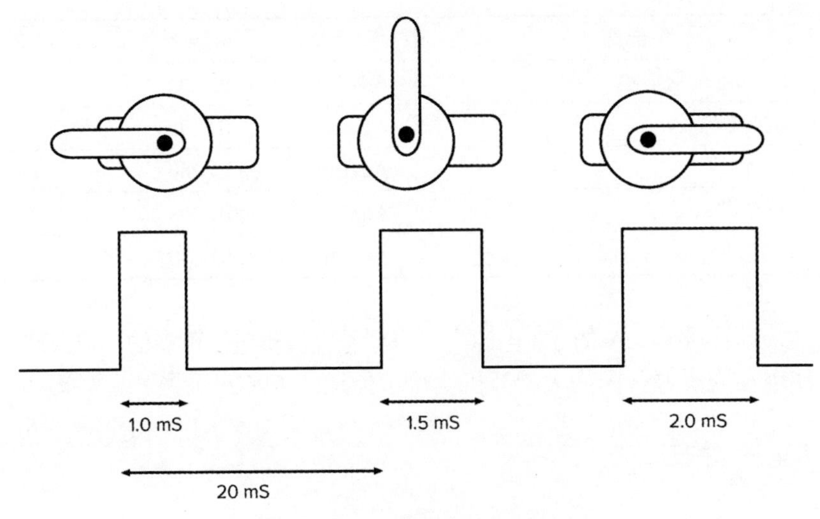

图 7-3　使用脉冲控制伺服电机

一个伺服电机具有三个连接：GND、正电源(5~6V)和一个控制连接。GND 连接通常连接至棕色或黑色导线，正电源连接至红色导线，控制连接至橘色或黄色导线。

尽管电机可产生可观的电流，但控制连接仅产生非常微弱的电流。伺服电机期望每 20ms 收到一个脉冲。如果脉冲持续时间为 1.5ms，则伺服会驻留在中部位置。如果脉冲更短，则伺服停留位置位于一侧，如果脉冲更长，则将移至中心点的另一侧。

7.4　硬件

为使用 FPGA 开发板控制伺服电机，你需要一些部件。

7.4.1　你之所需

除了 FPGA 开发板，你需要如下部件组建示例项目：

部件	来源
迷你 9-g 伺服电机	Adafruit，产品 ID 196
3x 公母跳线	Adafruit，产品 ID 1953
公母跳线	Adafruit，产品 ID 760
DC 电源适配器	Adafruit，产品 ID 368
6V 电池盒或 6V 1A 电源	Adafruit，产品 ID 830

尽管从 FPGA 的 5V 电源为小型伺服电机供电是可能的，但最好使用独立电源，因为大的开机电流可能造成 FPGA 重置。

7.4.2 构建

图 7-4 显示在 Mojo 开发板上引接的该项目。Mojo 或 Papilio 都不需要附加防护板。需要进行的连接如下。

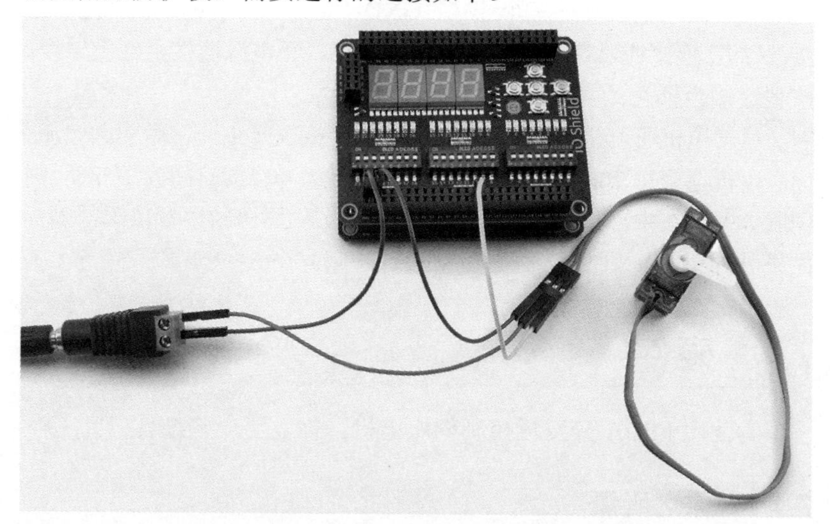

图 7-4 由 Mojo(使用外置电源)控制的伺服电机

- 使用公公跳线引线将伺服电机负电源线(黑色或棕色)连接至 FPGA 上的 GND。

- 螺旋式接线柱适配器的负导线连接至 FPGA 的另一个 GND 连接。
- 使用公公跳线引线将伺服电机的控制导线连接至 Elbert 2 的 P31(P1 头管脚 1)、Mojo IO 的 P97 或 Papilio One 的 P31(C 头管脚 0)。
- 伺服电机的正导线连接至螺旋式接线柱适配器上的正极。

如果你有一个小型电机，希望看到其是否通过 Mojo 或 Papilio 5V 电源连接工作，你可直接将伺服电机上的正电源连接导线连接至开发板，根本不需要使用外置电源。如图 7-5 所示。注意 Elbert 2 不能接入 5V 接线柱。

图 7-5　由 Mojo 控制的伺服电机(无外置电源)

图 7-6 和图 7-7 分别显示引接至 Elbert 2 和 Papilio One 的伺服电机。

图 7-6 由 Elbert 2 开发板控制的伺服电机

图 7-7 由 Papilio One 开发板控制的伺服电机

7.5 伺服模块

可在 ch07-servo 项目中找到待使用的伺服模块及测试程序。伺服模块自身在 servo.v 文件中，尽管时钟速率不同，但对于三种开发板而言实际上都是相同的。

模块具有输入 CLK 和 pulse_len。输入 pulse_len 是脉冲持续时间，单位为μs(微秒)。16 位数字提供最大的持续时间为 65 536 μs(约 65ms)。假定脉冲每 20ms 到达一次，则伺服电机实际需要的脉冲远不止 1~2ms。这允许你使用该模块生成高分辨率的 PWM。

模块输出 CONTROL_PIN 将用于负载脉冲序列：

```
module servo(
    input CLK,
    input [15:0] pulse_len,  // microseconds
    output reg CONTROL_PIN
    );
```

为处理因不同 FPGA 开发板时钟速率造成的定时同步问题，使用一个参数。不同于模块的输入和输出参数，该参数在同步项目时(生成位流文件)进行评估，而不在模块实际运行时被评估。你可声明参数，如下：

```
parameter CLK_F = 50; // CLK freq in MHz
```

两个 16 位寄存器 prescaler 和 count 用于控制脉冲定时同步：

```
reg [15:0] prescaler;
reg [15:0] count = 0;
```

使用 FPGA 块同步 always 块，第一步是对前置分频器加 1。前置分频器将在每微秒判断是否达到参数 CLK_F-1 的取值。如果达到，前置分频器会被复位，对 count 加 1。然后控制管脚会以本章开头所列 PWM 代码相同的方式，通过对比 count 和 pulse_len 设定结果。

为维持 20ms 的脉冲长度，当 count 达到 19 999 时，它也被复位：

```
always @(posedge CLK)
begin
  prescaler <= prescaler + 1;
  if (prescaler == CLK_F - 1)
  begin
    prescaler <= 0;
    count <= count + 1;
    CONTROL_PIN <= (count < pulse_len);
    if (count == 19999) // 20 milliseconds
    begin
       count <= 0;
    end
  end
end

endmodule
```

测试代码有两个版本。Elbert 2 和 Mojo 使用 Up 和 Down 按钮(Elbert 2 上 SW3 和 SW5)以及 Mojo IO Shield 上的操纵杆将脉冲长度(和伺服位置)轻推 100ms。Papilio 的 LogicStart Shield 遮盖住 GPIO 管脚连接器，因此不使用 LogicStart，这意味着没有按钮控制伺服。因此，该开发板的测试程序以 100μs 的步进递增脉冲长度，直至达到 2500μs，然后将其复位为 500μs。

两种测试程序均提供了范围为 0.5~2.5ms 的脉冲，这比标准的伺服脉冲范围稍宽，因此你会发现在该范围末端伺服中可能有一些毛刺。使用更宽的范围允许你对伺服电机使用更大的转速。

Elbert 2(servo_tester.v)下的测试程序如下所示：

```
Module servo_tester(
    input CLK,
    input switch_up,
    input switch_dn,
    output CONTROL_PIN
    );

wire s_up, s_dn;
```

```
debouncer d1(.CLK (CLK), .switch_input
  (switch_up), .trans_up (s_up));
debouncer d2(.CLK (CLK), .switch_input
  (switch_dn), .trans_up (s_dn));

reg [15:0] pulse_len = 500; // microseconds

servo #(12) p(.CLK (CLK), .pulse_len
  (pulse_len), .CONTROL_PIN
  (CONTROL_PIN));

always @(posedge CLK)
begin
  if (s_up)
  begin
    pulse_len <= pulse_len + 100;
  end
  if (s_dn)
  begin
    pulse_len <= pulse_len - 100;
  end
end

endmodule
```

测试程序的操作类似于 PWM 测试程序。需要重点注意，当实例化伺服模块时，用文本#(12)覆盖伺服模块的 CLK_F 参数为 12。如果有多个参数，取值应由逗号隔开。

Mojo 版本的代码几乎相同，Papilio 版本的 always 块如下所示，将伺服从一端漫游至另一端：

```
always @(posedge CLK)
begin
  prescaler <= prescaler + 1;
  if (prescaler == 32000000) // 1Hz
  begin
    pulse_len <= pulse_len + 100;
    if (pulse_len == 2500)
```

```
    begin
      pulse_len <= 500;
    end
  end
end
```

它使用了自己的前置分频器，每秒对 pulse_len 加 100，直至其达到 2500。

7.6 小结

本章讲述如何使用 PWM 控制功率，如何使用伺服电机生成脉冲，第 8 章将转而介绍如何生成声音，还将回顾第 6 章倒计时器项目中使用的报警器模块。

第 8 章

音　　频

Mojo、Papilio 和 Elbert 2 都有内置的 3.5mm 插口，设计用于附接一对耳机，或外接扬声器的音频插孔。将 Mojo 的 GPIO 管脚连接至音频扬声器也非常直观。在本章，你首先学习在第 6 章倒计时器中使用的“报警器”模块，然后学习一些更复杂的声音生成示例，包括播放一个短的录音文件。

8.1　单音生成

下面列出第 6 章中使用的 Papilio One 和 LogicStart Shield 下的“报警器”模块代码。你可从本书的下载资料 ch06_countdown_timer 和 ch08_alarm 项目中找到该代码。此处是 Papilio One 版本的代码(32MHz 时钟)。

```
module alarm(
    input CLK,
    input enable,
    output reg BUZZER
    );

reg [25:0] count;

always @(posedge CLK)
```

```
begin
  count <= count + 1;
  if ((count == 26'd32000) & enable) // 1kHz
  begin
    BUZZER <= ~ BUZZER;
    count <= 0;
  end
end

endmodule
```

通过使用在每个时钟 CLK 周期递增的计数器，该模块生成一个 1kHz 的信号。当计数器达到 32 000 时，切换 BUZZER 输出，计数器复位为 0。因此，Papilio 的 32MHz 时钟下的 32 000 个时钟周期等于输出 1kHz 的单音信号。在使用 50MHz 时钟频率的 Mojo 时，使用的取值为 50 000，在 Elbert 2 的 12MHz 时钟下，使用的取值为 12 000。

Papilio 的如下 UCF 在 P41 管脚输出单音，P41 管脚连接至音频输出插孔。插入耳机或功率扬声器，你会听到一个非常刺耳的 1kHz 方波单音。在 Papilio 下，通过按下滑动开关 0 消除该音符，在 Elbert 2 下，SW1 可消除它。幸运的是，在 Mojo 下，只有按下 Center 按钮时，单音才会响起。

```
# User Constraint File for 1kHz Alarm tone playing on
# Papilio and LogicStart

NET "CLK" LOC = P89; #32MHz

# Switches
NET "enable" LOC = "P91"; # Slide switch 0

# Output
NET "BUZZER" LOC = "P41";
```

Elbert 2 版本也使用音频插孔，但对于 Mojo 版本，你需要为功率扬声器提供连接方式(参见下一节)。

如果想使用压电式发音器而不是功率扬声器，参见第 6 章。

8.2　Mojo 的音频输出

图 8-1 显示了带有 IO Shield 的 Mojo 发音引线。一个 1 kΩ 的电阻和一根短实芯引线用于将 GPIO 管脚 P97 和 GND 通过音频导线连接至功率扬声器。引线和电阻导线环绕音频插孔的底部和头部。

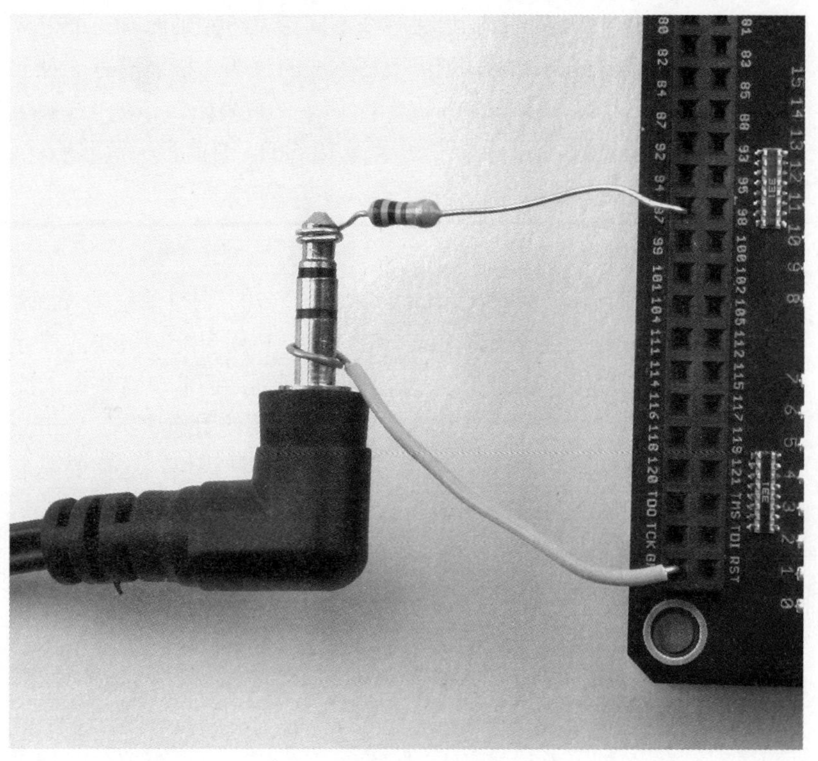

图 8-1　连接 Mojo 和音频插孔

你可能希望使用一些头管脚和内置的 3.5mm 插口完成更重要的工作。

8.3 通用音/频发生器

“报警器”项目与单音生成项目一样简单。为改进它，可制作一个通用的单音生成模块，该模块会被开发板上的时钟频率参数化，允许你将生成的单音作为开发板的一个输入。

可在本书下载资料的 ch08_tone 目录下找到该模块的项目目录。

该模块的测试程序并非通过音频插孔播放生成的频率，而在 FPGA 开发板的三个不同管脚生成三个不同频率。如果你有一个带有设定频率的示波器或万用表，则能改变生成的频率。如果没有，对于每个“报警器”项目，将一个 tone(单音)网表的位置(LOC)改为音频插孔，然后通过扬声器听取单音——尽管 12.5kHz 的单音极其难听。

8.3.1 单音模块

单音模块具有系统时钟(CLK)和待生成单音的周期(单位为 μs)两个输入，以及一个 tone_out 输出。参数 CLK_F 用于配制模块前置分频器，使其与开发板时钟频率匹配。使用单音周期而非单音频率的原因在于，在 Verilog 中将频率转化为时钟周期需要使用除法。在 Verilog 中，被任何非 2 的幂相除都不可能，除非使用除法模块，这需要多个时钟周期来实现。

频率和周期

一个时钟的频率是每秒钟完整时钟周期的个数(0 至 1，复 0)。一个时钟的周期是每个时钟发生的时间。因此，对于一个非常慢的 1Hz 时钟(每秒 1 次)，周期为 1 秒。对于 1MHz 的时钟，周期为 1/1 000 000 秒，或 1μs。

对于特定的频率 f，周期为 1/f。表 8-1 列出一些值得留意的频率的周期，你在单音模块中可能用到。

表 8-1　值得留意的频率和周期

频率	周期(μs)	备注
20	50 000	人类听觉下限
20 000	50	人类听觉上限
1000	1000	
261.63	3822	中音 C

```
module tone(
   input CLK,
   input[31:0] period, // microseconds
   output reg tone_out
   );

parameter CLK_F = 32; // CLK freq in MHz
```

使用了两个计数器。prescaler 将时钟频率减为 2MHz，counter 用于对分频的时钟计数。前置分频器生成 2MHz 的时钟，而非 1MHz 的时钟，因为每次完成正确的周期，输出被切换(0 至 1，或 1 至 0)，重新将频率二分。这一切换确保生成的信号具有 50%的占空比。即，方波的高位和低位数量相同。

```
reg [5:0] prescaler = 0;
reg [31:0] counter = 0;

always @(posedge CLK)
begin
  prescaler <= prescaler + 1;
  if (prescaler == CLK_F / 2 - 1)
  begin
    prescaler <= 0;
    counter <= counter + 1;
    if (counter == period - 1)
    begin
      counter <= 0;
      tone_out <= ~ tone_out;
```

```
      end
    end
  end

  endmodule
```

8.3.2 tone_tester 模块

tone_tester 模块创建三个单音模块实例，每个实例位于不同的管脚，具有不同的频率。period_12khz 实例将实际生成 12.5kHz 的频率，而非 12kHz 的频率。

```
module tone_tester(
    input CLK,
    output tone_1khz,
    output tone_100hz,
    output tone_12khz
    );

reg [31:0] period_1khz = 1000;
reg [31:0] period_100hz = 10000;
reg [31:0] period_12khz = 80;

tone #(32) t1(.CLK (CLK), .period (period_1khz),
                .tone_out (tone_1khz));
tone #(32) t2(.CLK (CLK), .period (period_100hz),
                .tone_out (tone_100hz));
tone #(32) t3(.CLK (CLK), .period (period_12khz),
                .tone_out (tone_12khz));

endmodule
```

8.3.3 测试

图 8-2 确认了 Papilio One 开发板上使用的 GPIO 管脚，图 8-3 显示了 Mojo 开发板上使用的 GPIO 管脚。

图 8-2 在 Papilio One 开发板上生成多个频率

图 8-3　在 Mojo 开发板上生成多个频率

Elbert 2 上使用的管脚是：

- 1kHz P31(连接器 P1，管脚 1)
- 100Hz P32(连接器 P1，管脚 2)
- 12.5kHz P28(连接器 P1，管脚 3)

在附录 B 至附录 D，你可进一步了解 GPIO 管脚的分布位置。连接双通道示波器，将显示如图 8-4 所示的波形。

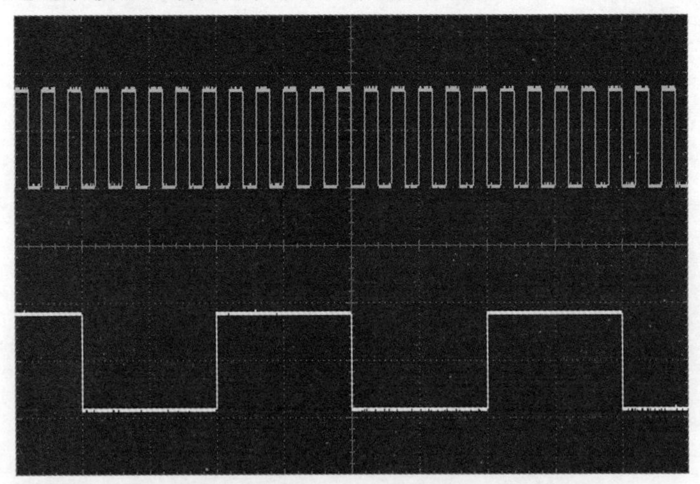

图 8-4　1kHz(顶部)和 100Hz(底部)的示波器轨迹

8.4 播放音频文件

该项目使用 FPGA 通过扬声器播放记录的音频数据。它演示一些有用的新技术，包括随机访问存储器(RAM)的使用以及如何在综合期间加载带数据的 RAM。

可在本书下载资料的ch08_wav_player目录中找到该模块的项目目录。

8.4.1 音频文件

音频文件有多种类型，大部分使用巧妙的压缩算法尽量减少文件大小，同时尽可能降低质量损失。最简单情形下，音频文件将只包含一串长数字序列，每个数字表示一个时刻的幅度值(可认为是电压)。这种格式称为原始格式，因为这些数字未经任何处理。图 8-5 显示了作者说出“一(英文为 One)”这个字时的采样数据。

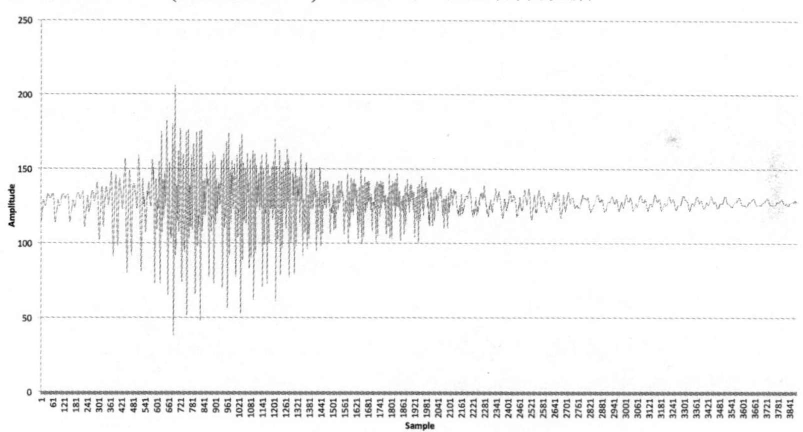

图 8-5 “一”字的音频采样波形

每个采样点的数值保存在单个字节中(8 位)，数字范围为 0~255。声音以 8kHz 的速率采样，因此将近 3800 个采样点表示不到半秒的音频。

诸如 Audacity(www.audacityteam.org/)的软件工具允许你录制自己的音频文件，或从几乎任意一种格式导出音频文件，然后将结果保存为原始数据。在 8.4.5 节，你将学习如何使用 Audacity 和小型 Python 脚本将原始文件转换为适合导入 FPGA 的文件格式。

8.4.2 RAM

待播放的声音保存在FPGA的RAM中。三个示例开发板上使用的FPGA在FPGA芯片上都有一个用于RAM的专属区域 (实际上，大部分FPGA均如此)。当ISE在Verilog代码中找到看似存储器的reg声明时，它将使用专用逻辑块而非通用逻辑资源。本书使用的FPGA没有足够多的RAM。Elbert 2有 54kbit，Papilio One有 74kbit，Mojo最多有 576kbit。这意味着即便在Mojo开发板上，采用 8kHz的采样速率，你也只能存储 6 秒或 7 秒的音频。在Elbert上，你只能存储 0.5 秒。采样速率减半，存储时间将加倍，但会损失音频质量。

RAM 具有一定数量的输入地址线和输出数据线。在地址线上设定一个二进制数字，以声明想要访问的存储器字节。你可读写当前所选的字节。改变地址，可访问不同的数据字节。尽管 RAM 的重点是可同时读写，但本项目在综合期间，将文件的初始内容写入 RAM，然后保持不变。

8.4.3 wav_player 模块

为播放声音文件，使用计数器逐一访问每个地址。然后使用 PWM 输出每个位置的取值。该模块的输入为 CLK 和 switch_play，用于在按压开关时触发待播放的音频文件。

```
module wav_player(
    input CLK,
    input switch_play,
    output reg audio_out
    );
```

接下来，有一个局部参数用来保存音频文件中包含的数据的字节数。声明存储器的格式看起来像一个常规的 reg 声明；除了需要声明数据的每一个元素的大小(7:0)，还需要在存储器名称(memory)后声明此存储器位置数量(MEM_SIZE-1:0)：

```
localparam MEM_SIZE = 19783;

reg [7:0] memory[MEM_SIZE-1:0];
```

为将数据上传至存储器，使用特殊的命令$readmemh(“读取十六进制存储器”)，该命令包含在 initial 块中。$readmemh 命令有两个参数：将要上传至存储器的数据文件名称，以及存储器的名称。在综合时开始上传：

```
initial begin
  $readmemh("01_03_b19783.txt", memory);
end
```

$readmemh 的文件格式为十六进制数字，每行一个数字。在 8.4.5 节，你将学习如何创建此类文件。开关以常见方式链接至一个去抖器：

```
wire s_start;
debouncer d1(.CLK (CLK), .switch_input (switch_play),
        .trans_up (s_start));
```

用寄存器 play 控制播放声音文件。这将充当一个触发器，起到开关地址计数器脉冲的作用。prescaler 计数器用于降低开发板时钟频率，以匹配开发板的采样速率。8 位 counter 用作 PWM 计数器，value 用作 address 当前引用的存储器的内容。

图 8-6 显示这些是如何互相连接的，还提示可能的 Verilog 综合方式。

```
reg play = 0;
reg [3:0] prescaler;
reg [7:0] counter;
reg [19:0] address;
```

```
reg [7:0] value;
```

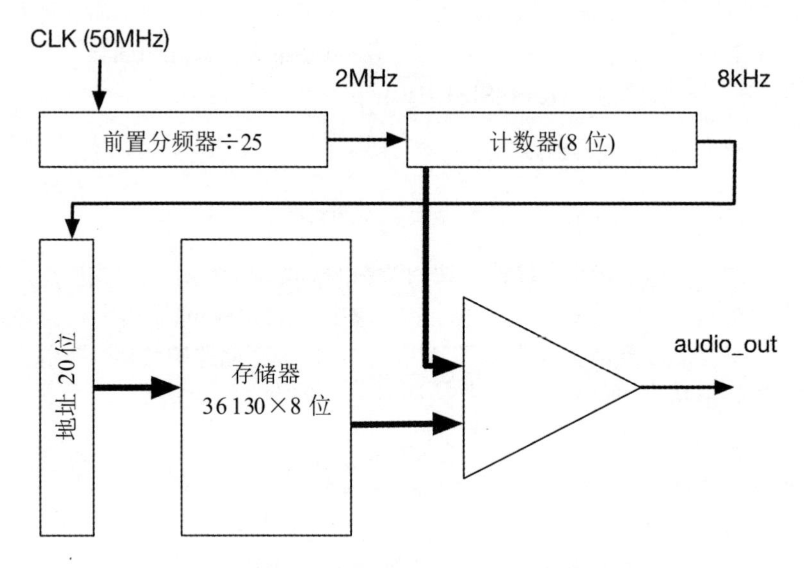

图 8-6 音频文件播放器原理图

仅当 play 为 1 时，always 块递增 prescaler 计数器。如果跳到 always 块的结尾，会看到在 Start 按钮被按下时，将发生上述事件。假定按下按钮，前置分频器确实将 50MHz 输入时钟频率(在 Mojo 版本下)降频为 2MHz。此时 counter 递增，当前存储器位置的数据被锁存至 value。然后将当前存储器位置的取值和 counter 及 audio_out_set 进行比较。

这导致 PWM 的脉冲输出长于高幅值，短于低幅值。当 address 的取值达到 MEMORY_SIZE 时，重置播放，停止时钟分频，阻止任何音频播放，直至重新按下按钮。

```
always @(posedge CLK)
begin
  if (play)
  begin
    prescaler <= prescaler + 1;
    if (prescaler == 15)  // 8kHz x 256 steps = 2.048 MHz
```

```
    begin
      prescaler <= 0;
      counter <= counter + 1;
      value <= memory[address];
      audio_out <= (value > counter);
      if (counter == 255)
      begin
        address <= address + 1;
        if (address == MEM_SIZE)
        begin
          play <= 0;
          address <= 0;
        end
      end
    end
  end
  if (s_start)
  begin
    play <= 1;
  end
end
endmodule
```

8.4.4　测试

Elbert 2和Papilio(带有LogicStart MegaWing)都将通过其音频插口播放音频。在Mojo IO Shield下播放音频，按照如图8-1所示进行连接。按下Start按钮时，你将听到播放的音频文件。

8.4.5　准备自己的音频

准备自己的音频非常直观。主要问题是确保声音足够短，以匹配RAM。首先安装并运行Audacity(www.audacityteam.org/)。可免费下载Windows、Mac和Linux下的Audacity。启动一个新项目，确保将Project Rate(项目速率)设定为8kHz，录制设定为mono(如图8-7所示)。通过单击红色圆形按钮 Record 开始一个短录音。

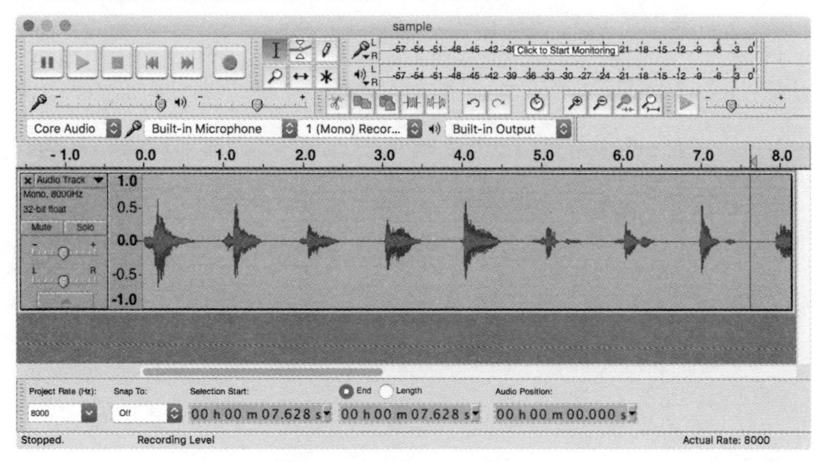

图 8-7　在 Audacity 中录制

结束录制时，按下 Stop 按钮(黄色方框)，你会看到所录制的波形。如果波形有些平坦，你可重新录制，并大声讲话，或选择菜单上的 Effect->Amplify...选项放大信号数字。你也可能希望剪切录制的部分声音，选择待移除的波形部分，然后按下 DELETE 键。

现在需要将音频文件导出为一种特定格式，选择菜单项 File->Export Audio...，你需要选择文件类型 Other uncompressed file，然后在头部区域选择 RAW(header-less)，在编码区域选择 Unsigned 8-bit PCM。此后单击 Save 创建文件(见图 8-8)。

你刚创建的文件是二进制的，为将其转换为适合$readmemh 文件的格式，需要将该文件转换为 2 数位字符串的十六进制文本文件，各行如下所示：

```
82
89
8e
89
```

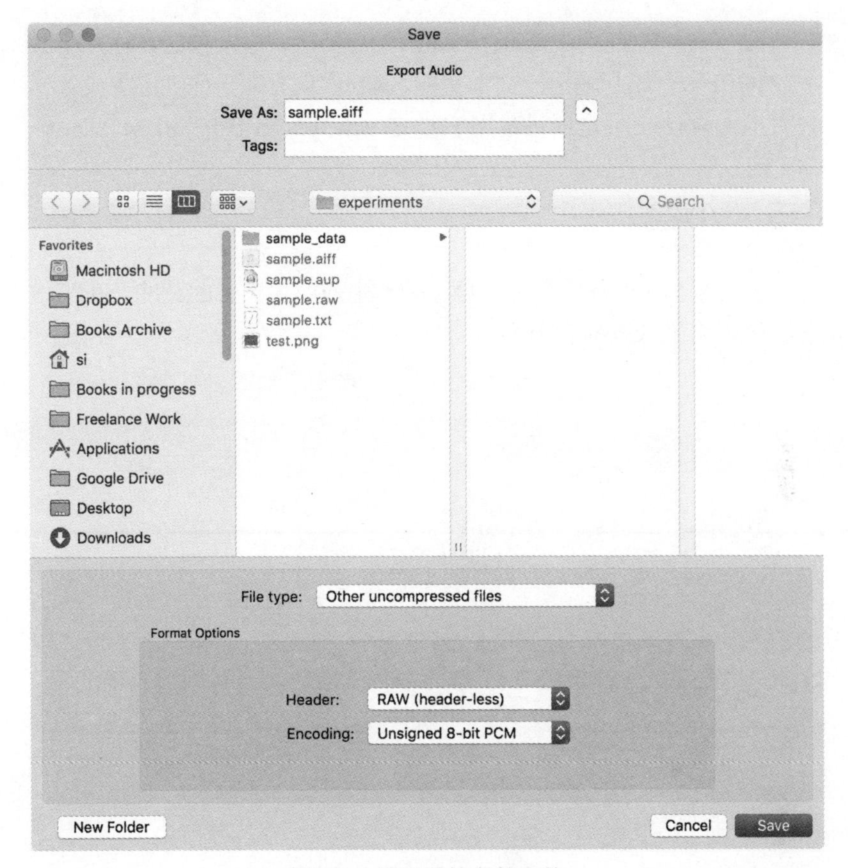

图 8-8　导出原始音频文件

可使用作者为此创建的 Python 脚本实现这个转换，本书的下载资料文件夹 utilities/audio 提供了该脚本。在运行脚本前，需要按照 https://wiki.python.org/moin/BeginnersGuide/Download 提示安装 Python。程序可在 Python2 或 Python3 上运行。

将导出音频文件与脚本放在同一文件夹下(utilities/audio)，用如下命令运行程序：

```
$ python raw2hex.py 01_05.aiff 01_05.txt
Read (bytes)36130
```

第一个参数(此例中是 01_05.aiff)是待转换音频文件的名称，第二个参数(01_05.txt)是输出的文本文件。这一实现有助于你确定生成数据的大小，以便在组建项目前用它设定 wav_player 中的 MEM_SIZE。

8.5 小结

生成声音无非是将时钟信号分频，生成产生声音的脉冲。在第 9 章，你还将生成视频信号脉冲。

第 9 章

视　　频

无论是生成数字音频、控制 LED 功率，还是确定伺服电机位置，大部分现代电子线路似乎都与生成脉冲相关。对于生成视频信号也是如此。

Elbert 2 和 Papilio LogicStart 开发板都有 GPIO 连接器，小型的附加电路可以附接其上，生成 VGA 信号用于计算机显示器或 TV。本章中的项目仅针对 Elbert 2 和 Papilio，如果你有针对 Mojo 开发板的 VGA 硬件，将代码移至 Mojo 开发板上工作也非难事。

9.1 VGA

视频图像阵列(VGA)是一个老式的视频连接标准，在 PC 出现早期就已存在。生成 VGA 脉冲相对简单，大部分显示器和 TV 都有 VGA 连接。VGA 信号由帧组成。帧是一个完整的可视像素及不可视时间信号的集合，见稍后的讨论。每一秒都会多次刷新显示器，例如在本章的 Elbert 2 示例中为每秒钟 60 帧，在 Papilio 中为每秒钟 73 帧。这通常称为刷新频率，用赫兹(Hz)表示。图 9-1 显示了 Papilio LogicStart MegaWing 下的 VGA 硬件。

观察 VGA 连接器(在图 9-1 中标记为 VGA)，可看到除了 GND，只有五个连接有效，分别是 RED、GREEN、BLUE、VSYNC 和 HSYNC。

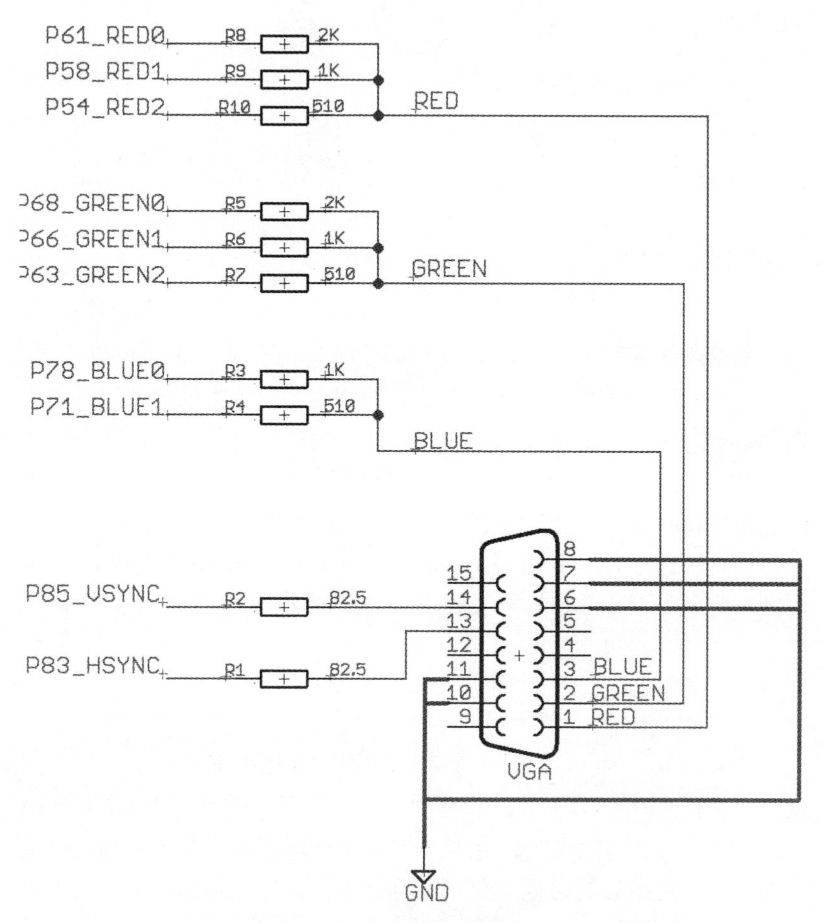

图 9-1　Papilio LogicStart MegaWing VGA 原理图

三个颜色信号是模拟信号。即每个信号的电平控制显示器颜色的亮度。RED 和 GREEN 通道都使用三位数字输出，每个输出都使用简单的基于电阻的数模转换器生成 8 类输出亮度。BLUE 信号只使用两位数字输出，因此它有 4 种可能的电平。BLUE 色的损失确保整个 RGB

颜色可在单个 8 位字节中声明。例如，当 RED 和 GREEN 对特定像素均为高电平，它们会通过加色混合过程进行组合(https://en.wikipedia.org/wiki/Additive_color)，生成黄色。

HSYNC 信号是标记每行结尾的负向脉冲，VSYNC 信号标记整个帧的结尾。尽管很多显示器对标准定时同步偏差都有容忍度，HSYNC 和 VSYNC 的定时同步取决于一些条件，即脉冲长度和脉冲发生时间。图 9-2 显示了脉冲生成的一些命名规则，时间从左至右，从上到下。

除了 RED、GREEN 和 BLUE 信号控制一帧中 640×480 个像素的颜色，信号“帧”的大部分并非对应于可视像素，而是对应于时间同步信号。为形象说明，将每一帧想象为比其可视部分更大，包含了额外的时间同步信号。即，在每行像素开始之前和之后显示时，需要水平同步(HS)脉冲；也需要垂直同步(VS)脉冲告诉显示器应开始显示新的一帧。

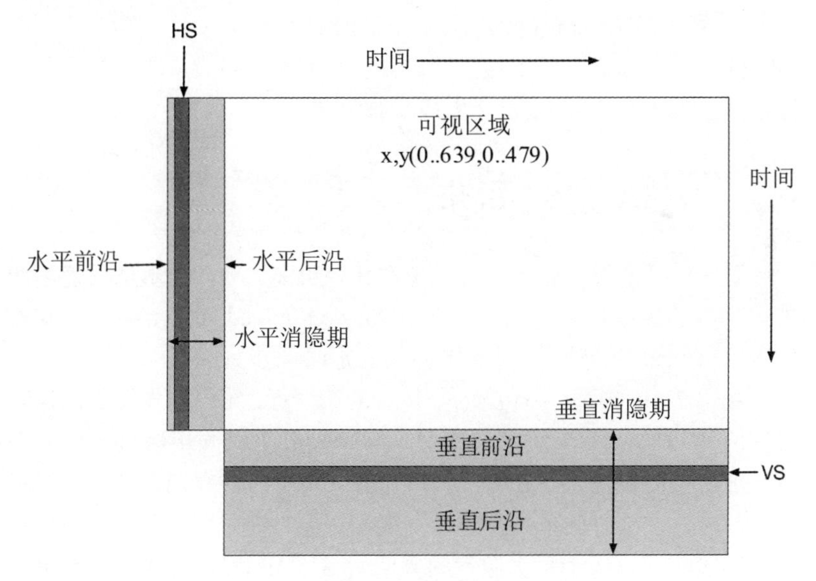

图 9-2 VGA 信号

因此，对特定的像素行写入颜色亮度时，必须生成 HS 信号。这是一个持续时间固定的负向脉冲。在 HS 脉冲前必须有一个暂停，称为水平前沿，在颜色脉冲开始之前水平前沿之后有一个更长的暂停(水平后沿)，从而开始显示像素。水平前沿的整个周期 HS 以及水平后沿称为水平消隐期，在这个时期内，RED、GREEN 和 BLUE 信号均应设定为 0。

全部 480 行视频都显示后，垂直同步(VS)信号的情况也与此类似。VS 周边也存在前沿和后沿，整个周期称为垂直消隐期。在这个时期内，RED、GREEN 和 BLUE 信号也需要设定为 0。

在可视部分扫描期间，除非从一个像素到另一个像素颜色发生了改变，RED、GREEN 和 BLUE 信号不需要作为单独的脉冲被发送。为将整个显示器设定为红色，你只需要保持除边沿(前沿和后沿)外三个 RED 控制管脚均为高位。这意味着即使每行有 640 个像素，只要 RED 信号为高位，该行就为红色；而 RED 信号为低位，则该行停止显示红色。实际上，显示器由特定分辨率的像素组成，匹配显示器上像素颜色的 ON/OFF 时间会生成最佳结果。

9.2 VGA 定时同步

对 VGA 来说，有多种扫描速率和分辨率选项，但本章只使用两种，如表 9-1 所示。你可在 http://web.mit.edu/6.111/www/s2004/NEWKIT/vga.shtml 网址找到更完整的定时同步列表。

观察 73Hz 频率下 640×480 像素的第一行，第一列告诉我们像素时钟应为 31.5MHz。这意味着显示整个帧并生成同步信号需要一个 31.5MHz 的时钟信号。在帧的可视部分，每个时钟周期绘制一个像素点。此时，主要时间单位是时钟周期，一个时钟周期是显示单个像素的时间段。这相当于每个像素的周期为 31.74ns(1/31.6MHz)。水平前沿被设定为 24 个周期，同步信号需要保持 40 个周期的低位，后沿需要 128 个周期。

表 9-1 VGA 定时同步

	640×480 73Hz 刷新 (Papilio)	640×480 60Hz 刷新 (Elbert 2)
像素时钟(实际)	31.5MHz(32MHz)	25 MHz(24MHz)
像素周期	31.74ns	40ns
水平前沿	24 周期	16 周期
水平同步	40 周期	96 周期
水平后沿	128 周期	48 周期
水平可视	640 周期	640 周期
垂直前沿	9 行	11 行
垂直同步	3 行	2 行
垂直后沿	28 行	31 行

在信号垂直部分(比水平同步信号长得多)，将整行作为时间单位是可以理解的。行是生成水平定时同步信号(边沿+HS)的时间。因此，规定垂直前沿为 9 行，同步脉冲为 3 行，后沿为 28 行。这些周期都比较长，反映了 CRT(阴极射线管)显示器时代的标准，它们需要时间来重瞄电子束。

Papilio时钟频率为32MHz，与31.5MHz的频率接近，大部分现代显示器都能将自身调整至更高一点的频率。因此对于Papilio，你将使用73Hz的刷新频率设定。Elbert 2有一个12MHz的信号。乍一看，这无法用来生成任何类型的VGA信号。但是，如果准备确定每个像素为2周期，大于1，则可使用等效于24MHz时钟速率的60Hz VGA标准。

9.3 绘制矩形

使用 VGA 项目的最简单示例是在显示器上显示几个带颜色的矩形，如图 9-3 所示。你可在本书的下载资料中找到该项目，项目名为 09_vga_basic。

图 9-3　显示器上带颜色的矩形

9.3.1　VGA 模块

为使 VGA 实现尽可能模块化，首先创建一个生成同步信号的模块(vga.v)。本节首先使用 Papilio，之后使用 Elbert。

该模块有一个输入(CLK)，两个输出 HS(HS)和 VS(VS)，输出引接至 VGA 插口。该模块也有 10 位输出，用于当前 x 和 y 坐标。该模块也将包括显示器的不可视区域，因此也提供了输出 blank，如果当前扫描位置处于帧的不可视区域，blank 为高位。

每个像素周期 x 输出都递增，直至一行完成，然后对 x 复位。每行信号完成时，输出 y 递增：

```
module vga(
    input CLK,  // Papilio 32MHz
    output HS, VS,
    output [9:0] x,
    output reg [9:0] y,
    output blank
    );
```

10 位寄存器 xc 用于对 x 的位置计数，但包括不可视区域，而 x 是实际的像素位置，因此你可在希望找到某个像素时，使用 x 和 y 表示实际显示器坐标。y 坐标不需要对应的 xc，因为 VS 信号在所有可视行之后已经被显示：

```
reg [9:0] xc;
```

接下来的赋值块用于根据 xc 和 y 的扫描位置生成 HS、VS、blank 和 x 信号。当我们学习 always 块时，你会看到如何对 xc 和 y 进行计数。

如果 xc 小于 192(水平消隐期)或大于 832 个像素宽度(可视像素+水平消隐期)，或 y 大于 479(在最后一个可视像素之后)，则 blank 输出为高位。类似地，使用 xc 的位置可计算 HS 信号。如果 xc 在 24 和 64 像素之间，则需要激活 HS。注意使用~(非)对信号取反，因为 HS 此时为低。以相同方式生成 VS 信号。

x 输出通过 xc 减 192 计算得到。特殊的;?句法是 if 语句的缩写。首先进入条件(xc<192)，如果 if 为真，使用问号(?)之后的取值(0)；否则使用 xc-192 的取值。这避免了 x 取值环回(相减结果为负时，会发生环回)。

```
// Horizontal 640 + HFP 24 + HS 40 + HBP 128 = 832 pixel
// ticks
// Vertical, 480 + VFP 9 lines + VS 3 lines + VBP 28 lines
assign blank = ((xc < 192) | (xc > 832) | (y > 479));
assign HS = ~ ((xc > 23) & (xc < 65));
assign VS = ~ ((y > 489) & (y < 493));
assign x = ((xc < 192)?0:(xc - 192));
```

always 块的形式我们已经见过多次，此处两个计数器(xc 和 y)用于跟踪包括帧的非可视部分的当前扫描位置：

```
always @(posedge CLK)
begin
  if (xc == 832)
  begin
```

```
      xc <= 0;
      y <= y + 1;
    end
    else begin
      xc <= xc + 1;
    end
    if (y == 520)
    begin
      y <= 0;
    end
end

endmodule
```

以下模块(vga_basic.v)测试 vga 模块，绘制如图 9-3 所示的矩形。该顶层模块的输入和输出连接到项目 UCF 中定义的网表。

```
module vga_basic(
    input CLK,
    output HS,
    output VS,
    output [2:0] RED,
    output [2:0] GREEN,
    output [1:0] BLUE
    );
```

两条 10 位引线 x 和 y 被连接至 vga 实例。注意在该示例中，不需要 vga 的“blank”输出。

```
wire [9:0] x, y;
vga v(.CLK (CLK), .HS (HS), .VS (VS), .x (x), .y (y));
```

这里事情突然与常规绘制方法不同，在常规绘制方法中，软件程序员希望在显示器的 x 和 y 像素点设定颜色。而此处不同，确定每个颜色幅度的逻辑用 x 和 y 表示。因此，对于从 1 开始的红色矩形(1 至 299)，通过声明“如果 x 大于 0 小于 300，且 y 大于 0 小于 300，则 RED 为 ON”来绘制。/:句法用于确保 RED 被设定为 7，即最亮的红色；否则为1。以类似方式生成GREEN和BLUE矩形：

```
assign RED = ((x > 0) & (x < 300) & (y > 0) & (y < 300))?7:0;
assign GREEN = ((x > 200) & (x < 400) & (y > 150) &
(y < 350)?7:0);
assign BLUE = ((x > 300) & (x < 600) & (y > 180) &
(y < 480))?3:0;

endmodule
```

9.3.2 VGA和Elbert 2

12MHz Elbert 2版本的vga.v如下所示：

```
module vga(
   input CLK,  // Papilio 32MHz
   output HS, VS,
   output [9:0] x,
   output reg [9:0] y,
   output blank
   );

reg [9:0] xc;

// Horizontal 640 + fp 16 + HS 96 + bp 48 = 800 pixel clocks
// Vertical, 480 + fp 11 lines + VS 2 lines + bp 31 lines
// = 524 lines
assign blank = ((xc < 160) | (xc > 800) | (y > 479));
assign HS = ~ ((xc > 16) & (xc < 112));
assign VS = ~ ((y > 491) & (y < 494));
assign x = ((xc < 160)?0:(xc - 160));

always @(posedge CLK)
begin
  if (xc == 800)
  begin
    xc <= 0;
    y <= y + 1;
```

```
    end
    else begin
      xc <= xc + 2;
    end
    if (y == 524)
    begin
      y <= 0;
    end
  end

endmodule
```

该版本设置参见表 9-1 的第二行，其他与 Papilio 版本相同。另一个不同之处(粗体标注)是每个像素周期 xc 递增 2，而非 1。通过将水平像素分辨率减半，为我们提供了看起来像 24MHz 的时钟速率。

9.4　使物体运动

图 9-4 显示了第二个示例。此次是沿显示器边缘绘制白色矩形，使用 Elbert 2 的按压按钮或 Papilio One 和 LogicStart 的操纵杆，可以移动中间的绿色方框。

图 9-4　使物体运动

vga 模块与之前示例一样。这是另一种顶层模块(项目 09_vga_game 中的 vga_game.v 文件)。对于四个按压按钮，模块有一些额外输出：

```
module vga_game(
    input CLK,
    input up_switch,
    input dn_switch,
    input left_switch,
    input right_switch,
    output HS,
    output VS,
    output [2:0] RED,
    output [2:0] GREEN,
    output [1:0] BLUE
    );
```

此次，除了 x 和 y 坐标，也需要“blank”信号在非可视区域对 RED、GREEN 和 BLUE 标白。也需要定义一个前置分频器，在移动物体时使其降速：

```
wire [9:0] x, y;
wire blank;
reg [15:0] prescaler;

vga v(.CLK (CLK), .HS (HS), .VS (VS), .x (x), .y (y), .blank
(blank));
```

物体位置保存在两个 10 位寄存器 o_x 和 o_y 中。引线“object”1 或 0 被赋值为一个静态表达式，该表达式确定 x 和 y 位于一个方框中，该方框由右上角 o_x 和 o_y 设置，宽度和高度扩展 30 像素：

```
reg [9:0] o_x = 320;
reg [9:0] o_y = 240;
wire object = x>o_x & x<o_x+30 & y>o_y & y<o_y+30;
```

也以相同的方式定义边沿。如果 x 和 y 位于边沿应该显示的位置，则 border 为 1：

```
wire border = (x>0 & x<10) | (x>630 & x<640) | (y>0 & y<10)
        |(y>470 & y<480);
```

RED 和 BLUE 的取值由边沿确定。GREEN 的取值取决于对"GREEN 应为 ON"条件进行的 OR 运算，即 x 和 y 是否位于 border 或 object 中：

```
assign RED = (border & ~ blank)?7:0;
assign GREEN = ((border | object) & ~ blank)?7:0;
assign BLUE = (border & ~ blank)?3:0;
```

always 块使用前置分频器放慢运动速度，使其便于控制，仅使用按钮按压就能调整物体 o_x 和 o_y 的坐标：

```
always @(posedge CLK)
begin
  prescaler <= prescaler + 1;
  if (prescaler == 0)
  begin
    if (~ up_switch)
    begin
      o_y <= o_y - 1;
    end
    if (~ dn_switch)
    begin
      o_y <= o_y + 1;
    end
    if (~ left_switch)
    begin
      o_x <= o_x - 1;
    end
    if (~ right_switch)
    begin
      o_x <= o_x + 1;
    end
  end
```

```
end

endmodule
```

9.5 存储器映射显示

更传统的视频显示方法是存储器映射，即使用包含每个像素颜色的存储器。此后，单独的硬件就能从存储器生成 VGA 信号。

遗憾的是，Elbert 2 和 Papilio 都没有足够的存储器给 307 200(640×480)个像素整体分配空间。但我们能做的是将存储器映射给更大的(8×8)像素。这将有效显示分辨率降至 80×60。也可像上传音频文件播放器一样将图片上传给存储器，以便在显示器上显示图片。

vga 模块没有变化。可在 09_vga_mem 项目的 vga_mem.v 文件中找到存储器映射 VGA 的顶层模块。首先进行常规导入，从而与 UCF 文件中的硬件连接：

```
module vga_mem(
    input CLK,
    output HS,
    output VS,
    output [2:0] RED,
    output [2:0] GREEN,
    output [1:0] BLUE
    );

wire [9:0] x, y;
```

存储器有 4800×8 位，适用于 80×60 的分辨率。引线 mem_index 用于对存储器和颜色寻址，确定当前像素位置所引用的颜色：

```
reg [7:0] mem[4799:0]; // 80 x 60 (8x8 pixels on 640x480)
wire [12:0] mem_index;
wire [7:0] color;
```

与音频文件一样，使用$readmemh 加载存储器。稍后介绍如何将任意图片转换为合适的格式。

```
initial begin
  $readmemh("flag.txt", mem);
end

vga v(.CLK (CLK), .HS (HS), .VS (VS), .x (cx), .y (y),
  .blank (blank));
```

为找到给定 x 和 y 值(小像素)在存储器的正确地址，y(0-439)的取值需要除以 8。Verilog 可以综合除法器硬件，但仅针对 2 的幂，因为对 2 的幂的除法可通过移位过程实现。此后该取值乘以 80，因为现在跨越了 80 个像素，再加上 x/8 得到最终结果，保存在 mem_index 中。

FPGA 有乘法器硬件，不需要限定为乘以 2 的幂。你可能想知道，为何不直接使 y 乘以 10，而是先将 y 除以 8 再乘以 80？原因在于，你需要在除以 8 时去除余数部分。

然后从 color 的合适数位设定 RED、GREEN 和 BLUE 的取值，blank 用于确保在非可视区域应该显示为空白时，颜色不会被激活。

```
assign mem_index = (y / 8) * 80 + x / 8;// divide y first
                                         // to lose LSBs
assign color = mem[mem_index];
assign RED = (blank?0:color[7:5]);
assign GREEN = (blank?0:color[4:2]);
assign BLUE = (blank?0:color[1:0]);

endmodule
```

准备一幅图片

在本书的下载资料中，可找到一个名为/utilities/video 的文件夹，在文件夹中可找到另一个名为 image2hex.py 的 Python 应用，用于导入一张图片、将其大小调整为 80×60，并转换为适用于$readmemh 的文本文件。

该实用程序要求在计算机上安装 Python(参见第 8 章)，而且需要 Python 图库(Python Image Library，PIL)。在安装 Python 后安装 PIL，可运行如下命令行：

```
sudo pip install pillow
```

与音频文件一样，该应用程序有两个参数：待转换的文件(可以是 JPG、GIF、PNG、BMP 等格式)，以及待创建的输出文件名称。创建的文件大小不变，因为脚本自动将图片大小调整为 80×60 像素。

9.6 小结

本章开启了从 FPGA 开发板生成视频之旅。如果 FPGA 开发板附接有合适的信号捕捉硬件，将能很方便地通过示波器看到 VGA 输出是如何组建的。网址 FPGA4fun 已经使用由 FPGA 开发板生成的 VGA 实现了整个乒乓游戏(www.fpga4fun.com/PongGame.html)。然而，如果不在 FPGA 上使用处理器内核，将很难用纯硬件玩这个游戏。

第 10 章 扩展内容

不可否认，对于一个复杂设备，本书很简短。我希望至少已达到本书书名的目标：指引你踏入 Verilog 之门。

这只是你的 FPGA 之旅的开端，还有更多需要学习的内容。在本章，你将学习 ISE 的其他一些特性，还将学习其他一些 Mojo 和 Papilio 开发板编程方法。

10.1 仿真

诸如 Elbert 2、Mojo 和 Papilio 的开发板允许你实际运行 FPGA 代码；不过，即使不在 FPGA 上安装，ISE 也允许你在软件中查看 Verilog 行为的仿真结果。该过程创建一个测试模块，测试模块向待测模块发送信号，生成的仿真结果如图 10-1 所示。

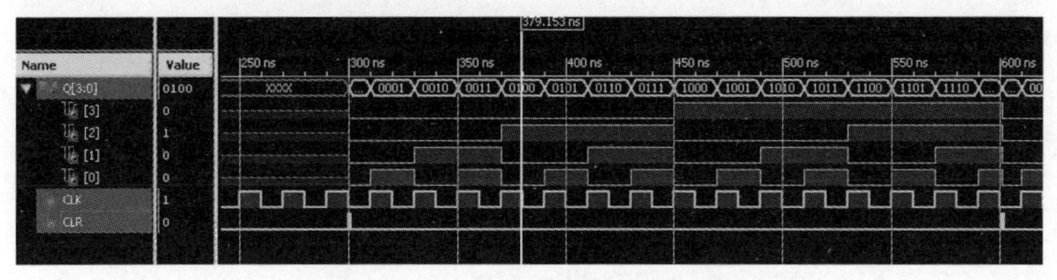

图 10-1　一个计数器的仿真结果

10.2 更深层次的内容

尽管并不是特别有用，如果你对 Verilog 代码的综合方式感到好奇，你可查看中间结果。如果选择顶层模块，然后在 Processes 区域展开一些选项(图 10-2 的左下方)，你会看到一个名为 View Technology Schematic 的选项。单击该选项，会得到顶层模块的符号化表示，即一个带有输入和输出的块。然而，如果单击 View Technology Schematic，会打开综合中使用的所有逻辑门。图 10-2 仅显示了 tone 项目原理图的左上部分。

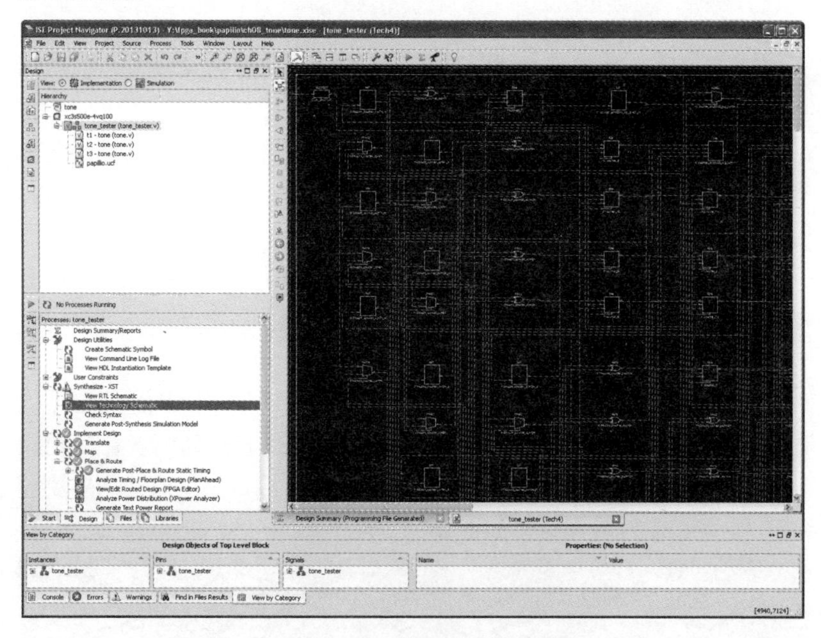

图 10-2 tone 项目的技术原理图

更常见的应用是 Design Summary。它告诉你使用了多少 FPGA 资源。在运行 Generate Programming File 的过程时，你会发现该报告已被添加到编辑器区的文档中。可通过单击 Design Summary 选项卡查看它。图 10-3 显示了 countdown_time 项目的一部分概览信息。

Device Utilization Summary				
Logic Utilization	Used	Available	Utilization	N
Number of Slice Flip Flops	188	1,408	13%	
Number of 4 input LUTs	168	1,408	11%	
Number of occupied Slices	173	704	24%	
Number of Slices containing only related logic	173	173	100%	
Number of Slices containing unrelated logic	0	173	0%	
Total Number of 4 input LUTs	309	1,408	21%	
Number used as logic	164			
Number used as a route-thru	141			
Number used as Shift registers	4			
Number of bonded IOBs	18	108	16%	
Number of BUFGMUXs	1	24	4%	
Average Fanout of Non-Clock Nets	2.79			

图 10-3　设计概览：设备使用情况

10.3　核和软处理器

重造轮子几乎没什么意义，在 ISE 和其他地方，你可下载核(core)并在项目中使用。一些核是专有的，需要购买才能使用；但开源的核和 Verilog 代码越来越多。

值得注意的是，虽有大量开源代码可用于你的项目，但通常这些代码没有配备良好的文档，也缺乏使用模块的示例说明，通常你不得不花费大量时间去理解如何使用相应模块。

Papilio 和 Mojo 都有自己的集成开发环境(IDE)，可替代 ISE。如果只在这些开发板上工作，则二者的 IDE 较 ISE 更加简单易用。然而，二者也都要求你安装 ISE，它们使用 ISE 来透明地完成综合。

10.4　更多 Papilio 内容

Papilio IDE 基于流行的微处理器开发板 Arduino 的 IDE，称为 Papilio DesignLab。顺便提一下，Papilio One 的雌性接头也兼容插入的

Arduino 板。Papilio DesignLab(如图 10-4 所示)允许你在 Papilio One 开发板上安装 FPGA，包括与 Arduino 兼容的软处理器 ZPUino。之后你可为 FPGA 设计添加附加部件(如 VGA 输出)；这样，就可以像 Papilio IDE 的真处理器一样，对 ZPUino 软处理器编程。

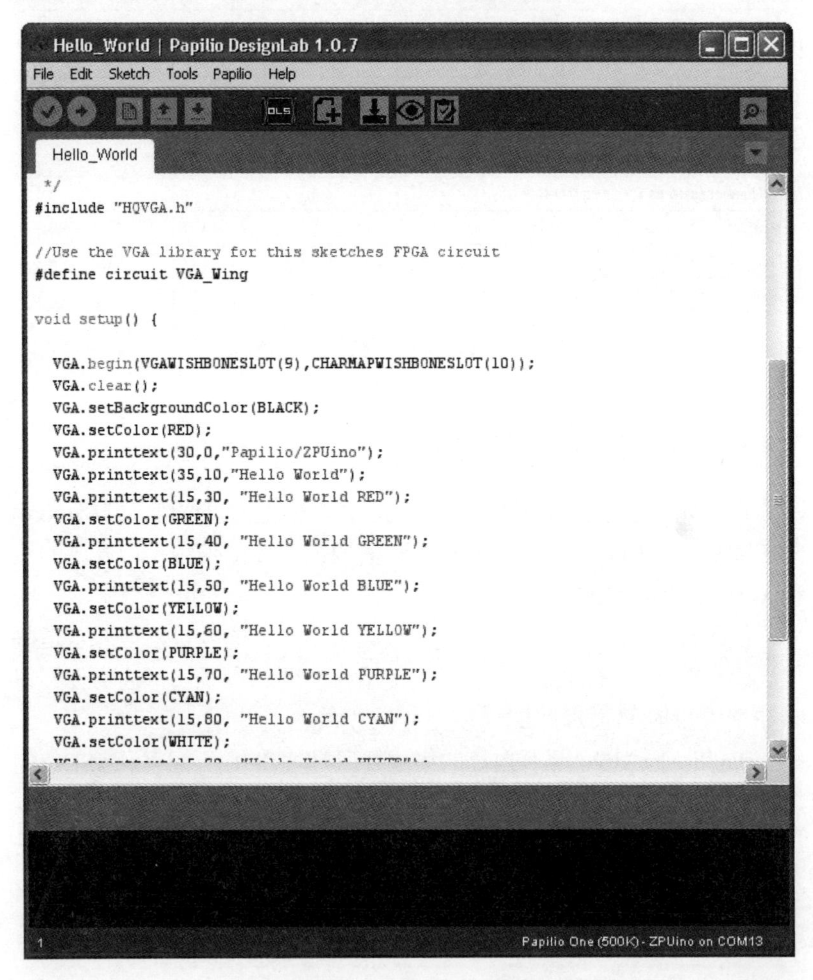

图 10-4 Papilio DesignLab

有很多预定义的硬件配置(电路)，其.bit 文件只能在使用 Arduino C 对 ZPUino 编程之前发送至 FPGA 开发板。创建自己的电路更复杂，需要使用 ISE。

10.5　更多 Mojo 内容

Mojo 的 IDE 称为 Mojo IDE(如图 10-5 所示)，它鼓励使用公司的 HDL 语言 Lucid。该语言非常类似于 Verilog，只有一些表面上的变化，如用{和}取代了 begin 和 end。

图 10-5　Mojo IDE

该 IDE 易于使用，包括可添加到设计中的部件集，例如核。Mojo 实际上附接了一个与 Arduino 兼容的微处理器，可提供模拟输入和通信特性。

10.6 小结

本书已为你开启了 FPGA 之旅，也展示了 FPGA 的优点和不足。你会在因特网上找到很多激发想象、开始第一个项目的资源。像通常学习新事物一样，在真正开始实施宏大项目之前，要先尝试一些简单项目。

附录 A 提供了对你有帮助的因特网资源，列出这里使用的开发板的替代品，还提供了购买开发板和其他套装的地址。附录 B、附录 C 和附录 D 连贯地详细介绍了三种开发板的硬件及其接口防护板，以便你快速参考。

附录 A
资　源

A.1 购买 FPGA 开发板

获取本书中使用的 FPGA 开发板的最佳方式是访问制造商的网站：

- Elbert 2：http://numato.com/。可从 Numato 的网站购买，也可从 Amazon 全球网站找到 Elbert 2。
- Mojo：https://embeddedmicro.com。也可从 Adafruit 和 Sparkfun 购得。
- Papilio：http://papilio.cc/。也可从 Sparkfun 购得。

A.2 部件

本书大部分内容是关于软件的，因此不需要购买很多部件。需要部件的每个项目都包括一个部件列表。全球范围的其他一些部件供应商包括：

- Sparkfun：www.sparkfun.com
- Adafruit：www.adafruit.com
- Mouser：www.mouser.com

- Digikey：www.digikey.com
- Newark：www.newark.com

在英国还有：

- Maplins：www.maplins.com
- CPC：http://cpc.farnell.com

A.3　其他 FPGA 开发板

很多 FPGA 开发板都可从拥有自己工具的 FPGA 制造商那里获得。实际上，FPGA 制造商通常也售卖“评估”板。这些评估板价格实惠，面向专业人员，而非“制造者”。

有一款有趣的 icoBOARD 开发板，它旨在避开 FPGA 制造商的臃肿开发环境，如图 A-1 所示。该开发板与 Raspberry Pi 一起提供，使用开源的工具链对设计进行综合。在本书撰写之时，该开发板仍处于试运行阶段。

图 A-1　icoBOARD

一个最有价值的高功率 FPGA 开发板是 Numato 实验室的 Mimas V2(如图 A-2 所示)。这本质上是一款像 Mojo 一样带有 Spartan 6 FPGA 的 Elbert 2 开发板。接口硬件(开关、VGA 和音频)与 Elbert 2 上的相同。

图 A-2　Mimas V2 Spartan 6 开发板

A.4　网络资源

除了前面提到的制造商网址，此处另外列出一些有用的资源：

- fpga4fun.com：为各种项目和实践活动准备的一些优秀教程和 Verilog 代码。
- opencores.org：开源的 FPGA 项目库。
- www.xilinx.com/training/fpga-tutorials.htm：使用 ISE 的 Xilinx FPGA 教程(最新)。
- http://numato.com/learning-fpga-and-verilog-a-beginners-guide-part-1-introduction：来自 Numato 实验室的一本优秀 FPGA 教程。

附录 B

Elbert 2 参考

B.1 ISE 新项目设置

通过 New Project Wizard 在 ISE 中创建一个新项目时，应使用如表 B-1 所示的设置。

表 B-1 Elbert 2 项目设置

设置	值
评估开发板	未指定
产品类别	所有
系列	Spartan3A 和 Spartan3AN
设备	XC3S50A
开发包	TQ144
速度	-4

B.2 原型网表映射

下面概述 Elbert 2 中内置的开关、LED 和其他连接器。所有图都经过 Numato 实验室授权使用。

B.2.1 LED

如表 B-2 所示，Elbert 2 独立的 LED 被映射至 FPGA 的管脚。LED 通过连接一组电阻接地，因此 LED 管脚的高位信号将点亮 LED。

表 B-2 Elbert 2 LED 管脚位置

IO Shield 名称(NET)	FPGA 管脚
D1	P55
D2	P54
D3	P51
D4	P50
D5	P49
D6	P48
D7	P47
D8	P46

B.2.2 3 数位显示

图 B-1 显示了 Elbert 2 七段 LED 显示器的原理图。显示器三个公共阳极由连接至 FPGA P120、P121 和 P124 管脚的 PNP 晶体管开关。数位选择为反相，因此 P120 的低位使能数位 S3。

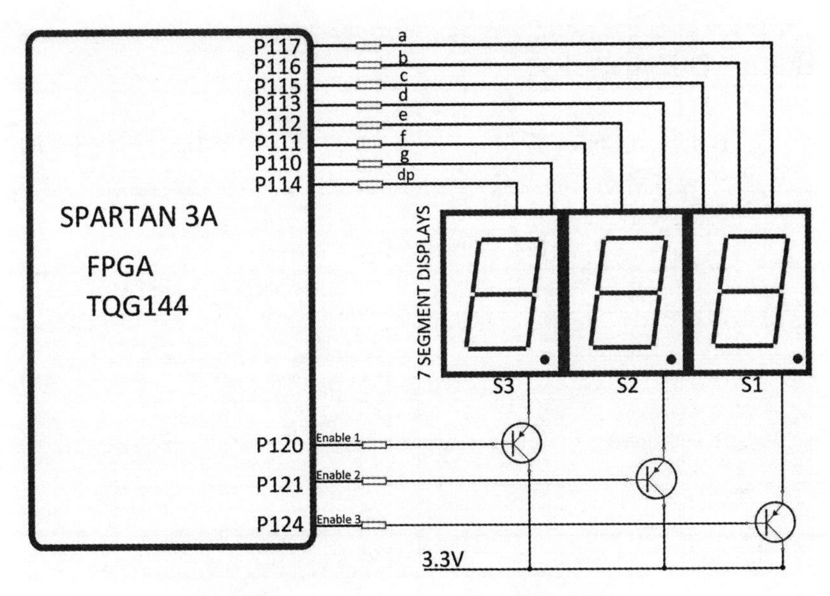

图 B-1　Elbert 2 LED 显示器原理图

表 B-3 列出由管脚控制的独立 LED 数段。

表 B-3　Elbert 2 LED 数段映射

数段	FPGA 管脚(LOC)
a	P117
b	P116
c	P115
d	P113
e	P112
f	P111
g	P110
DP	P114

B.2.3 DIP 滑动开关

表 B-4 显示 FPGA 管脚与 Elbert 2 滑动开关的映射关系。位于 ON 位置时，所有滑动开关都转至接地。

表 B-4 Elbert 2 滑动开关映射

开关	FPGA 管脚(LOC)
1	P58
2	P59
3	P60
4	P63
5	P64
6	P68
7	P69
8	P70

B.2.4 按压开关

表 B-5 显示 FPGA 管脚与 Elbert 2 按压开关的映射关系。每个开关都转至接地，因此按下开关将使其 FPGA 管脚为低位。没有上拉电阻，输入不固定。

表 B-5 Elbert 2 按压开关映射

开关	FPGA 管脚(LOC)
SW1(左上)	P80
SW2	P79
SW3	P78
SW4	P77
SW5	P76
SW6	P75

B.2.5　VGA

图 B-2 显示 VGA 连接器的管脚映射。三个通道输出使用一个基于电阻的数模转换器(DAC)。它为红色和绿色通道提供 3 位，为蓝色通道提供 2 位。

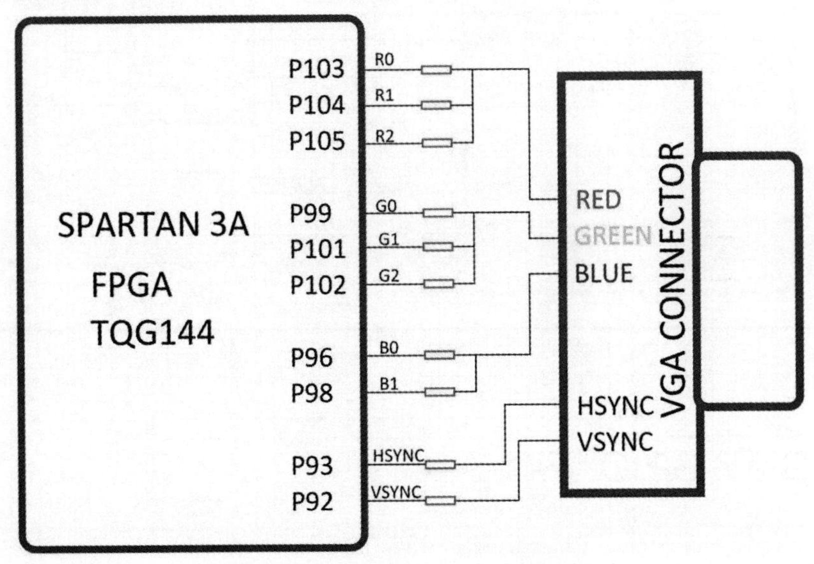

图 B-2　Elbert VGA 连接器映射

B.2.6　音频和 Micro-SD 存储卡

Elbert 有一个 3.5mm 的音频插口，可用于将 Elbert 连接至外接扬声器。图 B-3 显示了立体声音频和 micro-SD 管脚映射关系。音频输出没有低通滤波器。

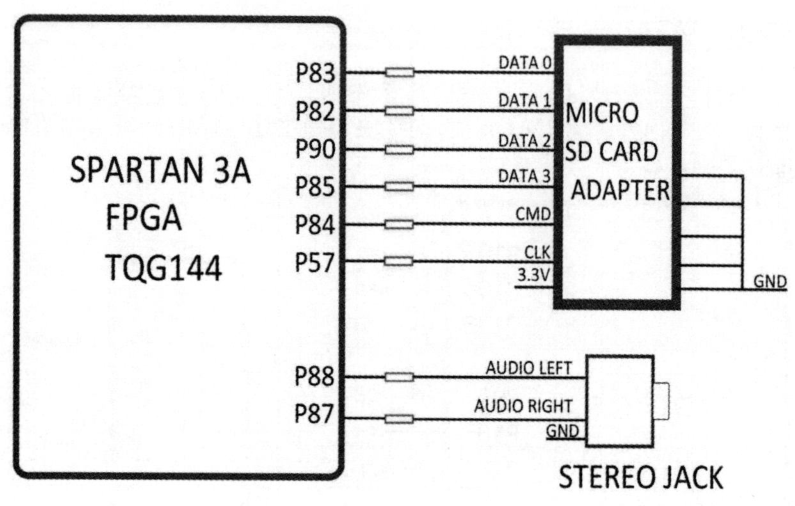

立体声插孔

图 B-3 Elbert 音频插口和 SD 存储卡

B.3 GPIO 管脚

以下四个标记 P1、P6、P2 和 P4 的接头可用作 GPIO 管脚，如表 B-6～表 B-9 所示。每个 GPIO 管脚是 3.3V，存储 24mA 的逻辑。

B.3.1 接头 P1

表 B-6 接头 P1

接头管脚(物理位置)	FPGA 管脚(LOC)或其他
1	P31
2	P32
3	P28
4	P30
5	P27

(续表)

接头管脚(物理位置)	FPGA 管脚(LOC)或其他
6	P29
7	P24
8	P25
9	GND
10	GND
11	VCC
12	VCC

B.3.2 接头 P6

表 B-7 接头 P6

接头管脚(物理位置)	FPGA 管脚(LOC)或其他
1	P19
2	P21
3	P18
4	P20
5	P15
6	P16
7	P12
8	P13
9	GND
10	GND
11	VCC
12	VCC

B.3.3 接头 P2

表 B-8 接头 P2

接头管脚(物理位置)	FPGA 管脚(LOC)或其他
1	P10
2	P11
3	P7
4	P8
5	P3
6	P5
7	P4
8	P6
9	GND
10	GND
11	VCC
12	VCC

B.3.4 接头 P4

表 B-9 接头 P4

接头管脚(物理位置)	FPGA 管脚(LOC)或其他
1	P141
2	P143
3	P138
4	P139
5	P134
6	P135

(续表)

接头管脚(物理位置)	FPGA 管脚(LOC)或其他
7	P130
8	P132
9	GND
10	GND
11	VCC
12	VCC

B.4　时钟

Elbert 2 在 P129 管脚具有一个 12MHz 的时钟。

附录 C

Mojo 参考

C.1 ISE 新项目设置

通过 New Project Wizard 在 ISE 中创建一个新项目时，应该使用如表 C-1 所示的设置。

表 C-1 Mojo ISE 设置

设置	值
评估开发板	未指定
产品类别	所有
系列	Spartan6
设备	XC6SLX9
开发包	TQG144
速度	-2

C.2 网表映射(IO Shield)

下面详述 FPGA GPIO 管脚和 IO Shield 上外设之间的连接关系。

C.2.1 LED

表 C-2 显示位于开发板中部的 IO Shield 的各个 LED 与 FPGA 管脚之间的映射关系。LED 通过连接一组电阻接地，因此 LED 管脚的高位信号将点亮 LED。

表 C-2 Mojo IO Shield LED 管脚位置

IO Shield 名称(NET)	FPGA 管脚(LOC)
LED 0	P97
LED 1	P98
LED 2	P94
LED 3	P95
LED 4	P92
LED 5	P93
LED 6	P87
LED 7	P88
LED 8	P84
LED 9	P85
LED 10	P82
LED 11	P83
LED 12	P80
LED 13	P81
LED 14	P11
LED 15	P14
LED 16	P15
LED 17	P16
LED 18	P17
LED 19	P21
LED 20	P22
LED 21	P23
LED 22	P24
LED 23	P26

C.2.2　4 数位显示器

图 C-1(经 EmbeddedMicro 授权使用)显示 IO Shield 四位七段 LED 显示器的部分原理图。显示器的四个公共阳极从左至右由 FPGA 的 P9、P10、P7 和 P12 管脚使能。

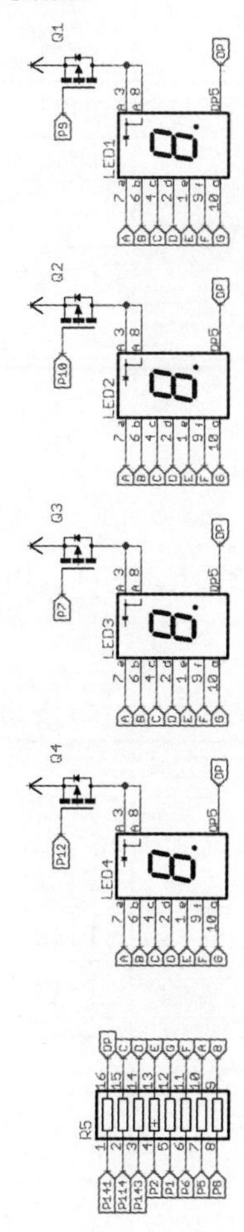

图 C-1　Mojo IO Shield LED 显示器原理图

表 C-3 列出由管脚控制的独立 LED 数段。

表 C-3 Mojo IO Shield LED 数段映射

数段	FPGA 管脚(LOC)
a	P5
b	P8
c	P114
d	P143
e	P2
f	P6
g	P1
DP	P141

C.2.3 滑动开关

表 C-4 显示 FPGA 管脚与 IO Shield DIP 滑动开关的映射关系。滑动开关要求将 GPIO 管脚拉下。

表 C-4 Mojo IO Shield 滑动开关映射

开关	FPGA 管脚(LOC)
0	P120
1	P121
2	P118
3	P119
4	P116
5	P117
6	P114
7	P115
8	P112

(续表)

开关	FPGA 管脚(LOC)
9	P111
10	P105
11	P104
12	P102
13	P101
14	P100
15	P99
16	P79
17	P78
18	P75
19	P74
20	P67
21	P66
22	P58
23	P57

C.2.4　按压开关

图 C-2(经 EmbeddedMicro 授权使用)显示了处理五个按压按钮的 IO Shield 部分原理图。

你或许认为任意输入都上拉至 VCC，并非如此！这些输入不是固定的；电阻仅用于限制以下事件中的电流：按钮被按下而 FPGA 管脚设定为低位输出。

可在 https://embeddedmicro.com/media/wysiwyg/io/IO_Shield.pdf 中找到完整的 IO Shield 原理图。

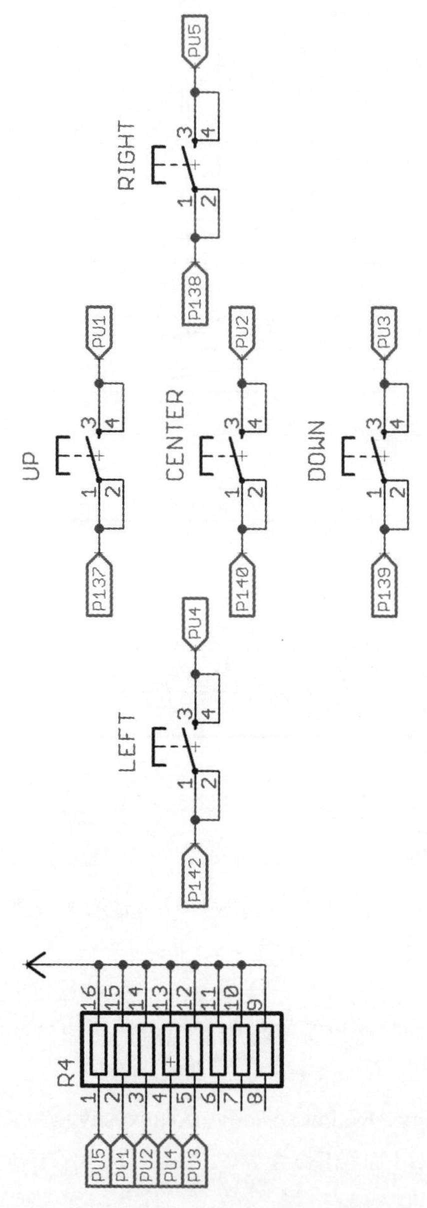

图 C-2　Mojo IO Shield 按压开关原理图

C.3　时钟管脚

Mojo 在 P56 提供一个 50MHz 的时钟。

C.4　IO Shield 的完整 UCF

可从 https://embeddedmicro.com/media/wysiwyg/io/io.ucf 下载完整的 IO Shield UCF。

附录 D

Papilio One 参考

D.1　ISE 新项目设置

通过 New Project Wizard 在 ISE 中创建一个新项目时，应使用如表 D-1 所示的设置。

表 D-1　Papilio One 项目设置

设置	值
评估开发板	未指定
产品类别	所有
系列	Spartan3E
设备	XC3S250E 或 XC3S500E
开发包	VQ100
速度	-4

对于本表中的“设备”，如果你拥有 Papilio One 250，则使用 XC3S250E；如果拥有 Papilio One 500，则使用 XC3S500E。

D.2　LogicStart MegaWing 网表映射

Papilio One没有任何内置的接口设备，因此在本书假定你用LogicStart MegaWing开发板匹配Papilio One。可在http://papilio.cc/index.php?n=Papilio.LogicStartMegaWing找到MegaWing的文档。

D.2.1　LED

表 D-2 显示 LogicStart 的各个 LED 与 FPGA 管脚之间的映射关系。LED 通过连接一组电阻接地，因此 LED 管脚的高位信号将点亮 LED。

表 D-2　Papilio LogicStart LED 管脚位置

LogicStart 名称(NET)	FPGA 管脚(LOC)
LED0	P5
LED1	P9
LED2	P10
LED3	P11
LED4	P12
LED5	P15
LED6	P16
LED7	P17

D.2.2　4 数位显示器

显示器的四个公共阳极由连接至 FPGA P67、P60、P26 和 P18 管脚的 PNP 晶体管开关。数位选择为反相，因此 P67 的低位使能数位 0。设计非常类似于 Mojo 的数段设计。因此，可参见附录 C 的原理图，来了解 LED 排列方式。表 D-3 列出由管脚控制的独立 LED 数段。

表 D-3　LED 数段映射

数段	FPGA 管脚(LOC)
A	P57
B	P65
C	P40
D	P53
E	P33
F	P35
G	P62
DP	P23

D.2.3　DIP 滑动开关

表 D-4 显示 FPGA 管脚与 Papilio 滑动开关的映射关系。所有滑动开关都通过一个 4.7 kΩ 的电阻连接到数字输入。开关自身转接至 GND 或 3.3V，因此没有上拉电阻。

表 D-4　滑动开关映射

开关	FPGA 管脚(LOC)
0	P91
1	P92
2	P94
3	P95
4	P98
5	P2
6	P3
7	P4

D.2.4 操纵杆开关

表 D-5 显示 FPGA 管脚与操纵杆的映射关系。每个开关都转接至地，因此按下开关将使 FPGA 管脚为低位。没有上拉电阻，输入不固定。

表 D-5 操纵杆映射

开关	FPGA 管脚(LOC)
选择(中心按下)	P22
上	P25
下	P32
左	P34
右	P36

D.2.5 VGA

图 D-1 显示 VGA 连接器的管脚映射。三个通道输出使用一个基于电阻的数模转换器(DAC)。它为红色和绿色通道提供 3 位，为蓝色通道提供 2 位。

D.2.6 音频

LogicStart MegaWing 有一个 3.5mm 的音频插口，可用于将 LogicStart MegaWing 连接至外接扬声器。输出是单音，使用 P41 管脚，但没有低通滤波器。

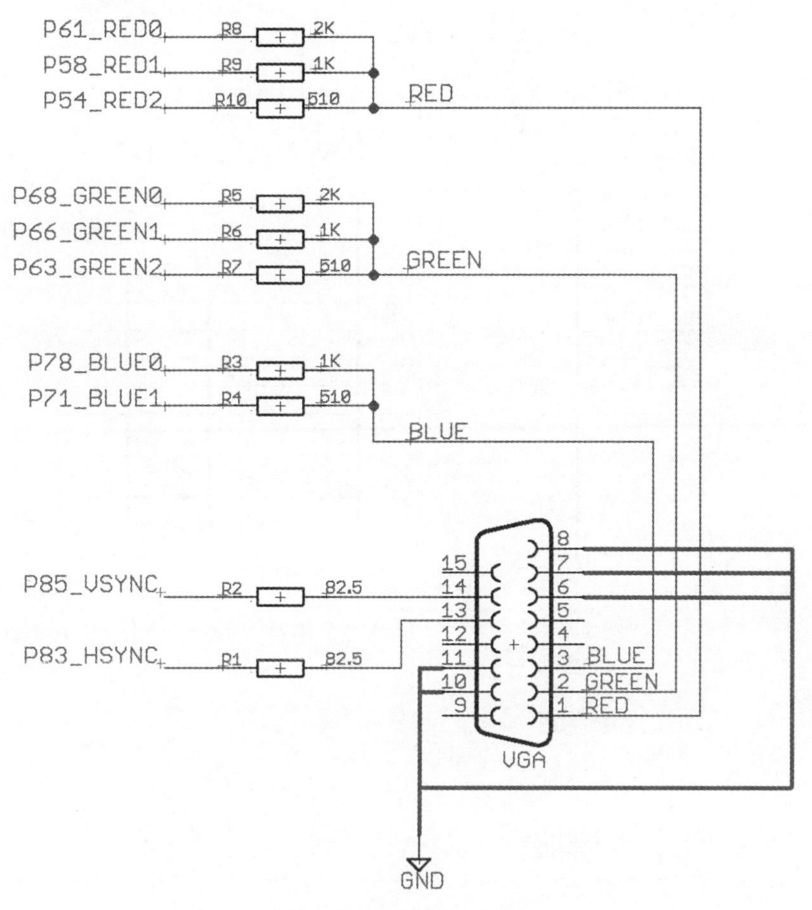

图 D-1　VGA 连接器映射

D.2.7　模数转换器

ADC128S102 IC 使用 SPI 接口提供八个模拟输入，如图 D-2 所示。

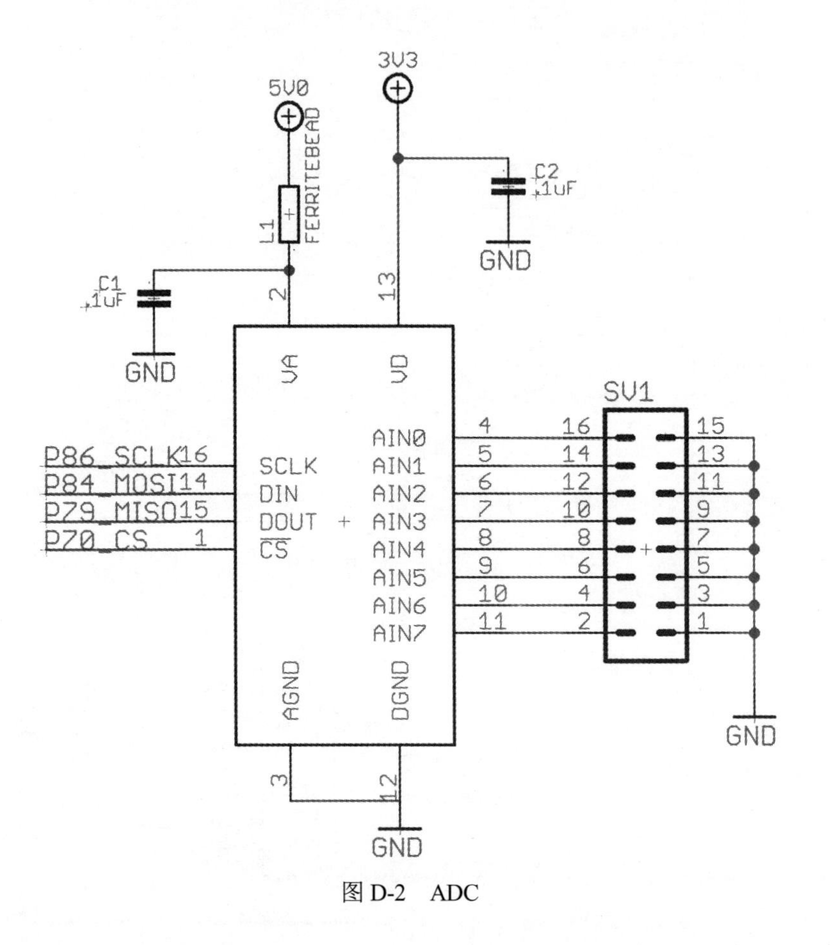

图 D-2　ADC

D.3　时钟管脚

Papilio One 在 P89 提供一个 32MHz 的时钟。

D.4　GPIO 管脚

图 D-3 显示 GPIO 管脚映射至 Papilio One 连接器。

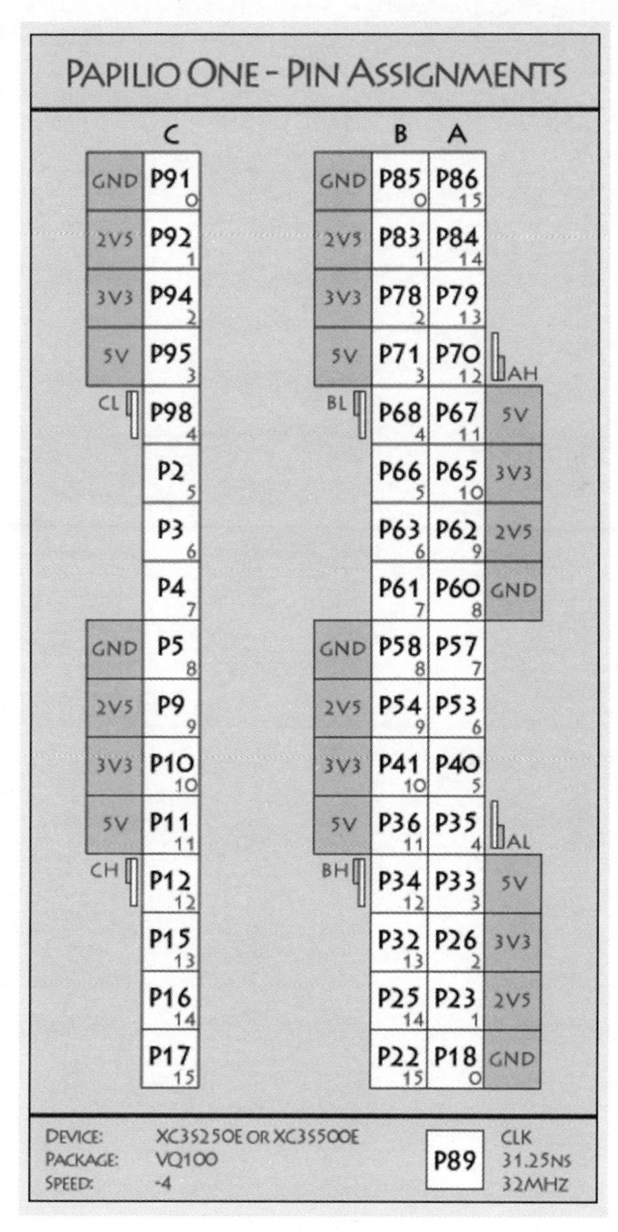

图 D-3 Papilio One 连接器